Heizung und Warmwasser

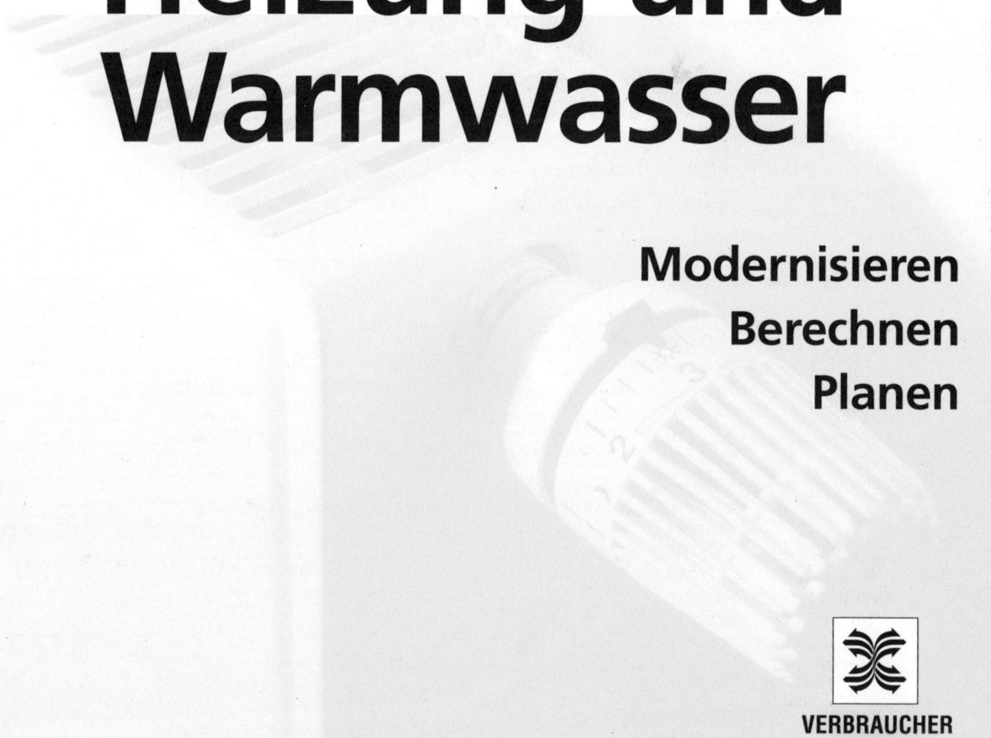

Modernisieren
Berechnen
Planen

VERBRAUCHER
ZENTRALE

Herausgeber

Verbraucher-Zentrale Niedersachsen e. V.
Herrenstraße 14, 30159 Hannover
Telefon (05 11) 9 11 96-0, Fax (05 11) 9 11 96-10
E-Mail: info@vzniedersachsen.de

Verbraucherzentrale Bundesverband e. V. (vzbv)
Markgrafenstraße 66, 10969 Berlin
Telefon (0 30) 2 58 00-0, Telefax (0 30) 2 58 00-2 18
E-Mail: info@vzbv.de

Verbraucherzentrale Baden-Württemberg e. V.
Paulinenstraße 47, 70178 Stuttgart
Telefon (07 11) 66 91-0, Fax (07 11) 66 91-50
E-Mail: info@verbraucherzentrale.de

Verbraucher-Zentrale Hamburg e. V.
Kirchenallee 22, 20099 Hamburg
Telefon (0 40) 24 83 2-0, Fax (0 40) 24 83 2-2 90
E-Mail: info@vzhh.de

Verbraucher-Zentrale Nordrhein-Westfalen e. V.
Mintropstraße 27, 40215 Düsseldorf
Telefon (02 11) 38 09-0, Fax (02 11) 38 09-1 72
E-Mail: vz.nrw@vz-nrw.de

Text und Recherche	Klaus Nottebaum, Oldenburg Hubert Westkämper, Elsfleth
Schlussredaktion	Gerhard Hermann
Satz, Gestaltung	infobüro Klaus-Peter Thiele
Fotos	Bildnachweis auf Seite 94
Zeichnungen	Knobloch/Meinhof/Thiele
Druck	Sponholtz Druckerei
Auflage	7. völlig überarbeitete Auflage 2001, 59. - 68. Tausend
ISBN	3-923760-69-8

Inhalt

1. Vorwort

Bessere Heizungen verordnet

Sie wollen Ihre private Energiebilanz verbessern und sind auf der Suche nach soliden Informationen? Wir möchten Ihnen mit diesem Ratgeber einen anschaulichen und gut verständlichen Überblick bieten, ohne Sie mit technischen Details zu verwirren, die Sie vielleicht gar nicht wissen möchten und auch gar nicht wissen müssen. Beim Umgang mit technischen Fragen kann auf Zahlen, Berechnungen und technische Zeichnungen zwar nicht ganz verzichtet werden, aber wir wollen uns dabei auf das notwendige Maß beschränken.

Neue Verordnungen sorgen dafür, dass sich derzeit viele Hausbesitzer um eine neue Heizung kümmern müssen: Seit Januar 1998 gelten für neu installierte Heizungsanlagen schärfere Abgasgrenzwerte nach der Bundes-Immissionsschutz-Verordnung. Ältere Anlagen haben spätestens im November 2004 ausgedient, wobei die Übergangsfristen um so kürzer ausfallen, je höher die vom Schornsteinfeger gemessenen Abgasverluste über dem neuen Grenzwert liegen. Im Jahre 2002 tritt zudem die neue Energieeinsparverordnung in

Kraft, nach der alle vor Oktober 1978 installierten Kessel bis Jahresende 2005 ausgetauscht werden müssen.

Nach verschiedenen Schätzungen dürften mehr als zwei Millionen Heizungsanlagen den neuen Anforderungen nicht mehr gewachsen sein. Die betroffenen Hausbesitzer sollten nicht länger zögern, denn die Heizungsbauer haben volle Auftragsbücher! Schon 1999 haben die Schornsteinfeger mehr als eine Million Mängel beanstandet, die eine Energieverschwendung verursachten, mit der sich etwa 100.000 Einfamilienhäuser hätten beheizen lassen! Solche Verluste können und dürfen wir uns nicht länger leisten!

Sicher werden Sie nicht erwarten, dass Ihnen diese Lektüre eine komplette Planung liefert. Sie sollen jedoch alle Informationen erhalten, die Sie für eine optimale Entscheidung brauchen. Die Energieberater Ihrer Verbraucher-Zentrale sind Ihnen dabei gerne behilflich.

Bitte betrachten Sie die Preisangaben auf den folgenden Seiten nur als grobe Richtschnur: Sie wurden Mitte 2001 in Nordwestdeutschland ermittelt und können regional natürlich stark schwanken; die vom Euro-Preis umgerechneten DM-Beträge wurden jeweils auf die volle Mark gerundet.

Dieser Ratgeber erscheint übrigens bereits in der 7. Auflage und wurde abermals völlig überarbeitet. Wir möchten an dieser Stelle den früheren Autoren Heinrich Cuhls, Jan Habermannn, Carsten Knobloch und Joachim Winkler für die geleistete Vorarbeit herzlich danken.

Verbraucher-Zentrale Niedersachsen

2. Energieträger: Nach uns die Sintflut?

Primärenergieträger sind Rohstoffe wie Kohle, Erdöl, Erdgas oder Uran, wobei zwischen fossilen, nuklearen und erneuerbaren Energieträgern bzw. -quellen unterschieden wird. Für den Endverbrauch müssen die Primärenergieträger in Sekundärenergieträger umgewandelt werden – also in Strom, Heizöl, Benzin usw. Bei dieser Umwandlung und beim Transport gibt es teilweise enorme Verluste. Beim Heizöl und beim Erdgas halten sie sich mit 15 % bzw. 18 % noch einigermaßen in Grenzen. Bei der Stromerzeugung in herkömmlichen Großkraftwerken gehen dagegen etwa 66 % der eingesetzten Primärenergie verloren. Oder anders gesagt: Nur etwa ein Drittel der in den Kraftwerken eingesetzten Primärenergie kommt in der Steckdose an!

Tabelle 1: **Reichweite der Energierohstoffe**

Energierohstoff	Reichweite in Jahren
Erdöl	45
Erdgas	67
Uran	90
Kohle	190
Sonne	5.000.000.000

Zur Tabelle 1: Unsere Vorräte gehen rasch zur Neige!

Die fossilen Energieträger Kohle, Erdöl und Erdgas wurden innerhalb von vielen Millionen Jahren aus absterbenden Pflanzen und Tieren (Biomasse) gebildet und in der Erde gespeichert. Zur Zeit verfeuert die Menschheit in einem einzigen Jahr die Biomasse von 500.000 Jahren! Die kostbaren Rohstoffe werden also in atemberaubendem Tempo aufgebraucht (→ Tabelle 1). Wenn es so weitergeht, werden Erdöl und Erdgas noch in diesem Jahrhundert knapp. Eine Studie, die im Auftrag des deutschen Bundestages erstellt worden ist, geht davon aus, dass die Nachfrage nach Erdöl bereits am Ende dieses Jahrzehnts die Fördermenge übersteigen wird, da insbesondere in den industriell unterentwickelten Ländern ein großer Nachholbedarf existiert. Dies bedeutet, dass die Preise für konventionelle Energieträger langfristig nicht fallen, sondern deutlich steigen werden!

Hinzu kommt das Problem, dass bei der Gewinnung, dem Transport und der Verbrennung fossiler Energieträger verschiedene Schadstoffe freigesetzt werden:

- So sorgen **Stickoxide** und **Schwefeldioxid** für den „Sommersmog" und den „Sauren Regen", der Wälder und Bauwerke schädigt. Diese „klassischen" Schadstoffe können jedoch durch Filter, Katalysatoren und eine geschickte Verbrennung fast beliebig reduziert werden.
- Anders sieht es beim **Kohlendioxid** (CO_2) aus, das sich in der Atmosphäre immer mehr anreichert und den „Treibhauseffekt" verursacht. Die meisten Klimatologen rechnen damit, dass der Meeresspiegel noch in diesem Jahrhundert um bis zu 80 cm ansteigen und sich das Weltklima dramatisch verändern wird, wenn die CO_2-Emissionen und damit der Verbrauch an fossilen Energieträgern nicht endlich drastisch reduziert werden. Denn hier helfen keine Filter und Katalysatoren! Erforderlich ist vielmehr der sparsame Umgang mit den fossilen Schätzen und der entschlossene Umstieg auf CO_2-arme bzw. -freie Energieträger.

In den Haushalten reduziert der Umstieg von Kohle auf **Heizöl** sowie von Heizöl auf **Erdgas** die Treibhausgasemissionen jeweils um rund 30 %.

Der nukleare Energieträger **Uran** wird (mit hohen Verlusten!) in Strom umgewandelt. Und mit großen Risiken, die spätestens seit der Reaktorkatastrophe von Tschernobyl niemand

mehr leugnen kann. In Atomkraftwerken werden große Mengen radioaktiver Stoffe produziert, die über Jahrtausende sicher gelagert werden müssen. Ein solches Endlager gibt es auch nach jahrzehntelanger Suche noch immer nicht, weder in Deutschland noch anderswo auf der Welt.

Die einzige Energiequelle mit „ewiger" Reichweite (außer Geothermie) ist die **Sonne** mit all ihren Erscheinungsformen: Strahlung, Wind, Wasser, Biomasse. Sie lässt sich nahezu schadstofffrei über mehrere Milliarden Jahre nutzen.

Die regenerativen Energiequellen stehen uns gratis und „frei Haus" zur Verfügung. Wenn wir **Holz** und andere Biomasse geschickt nutzen, produzieren wir nur so viel an Schadstoffen, wie die Pflanzen vorher der Luft entnommen haben. Holz ist CO_2-neutral, muss jedoch gesägt und transportiert werden. Dazu werden in der Regel

Grafik 1: CO_2-Emissionen verschiedener Energieträger

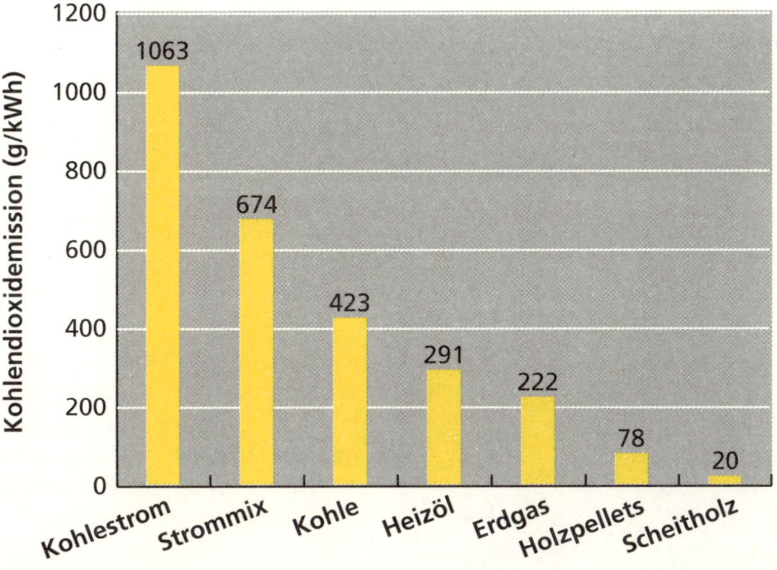

Zur Grafik 1: Die meisten Emissionen verursacht Strom, der zu 100 % aus Kohle produziert wird; etwas besser ist das in deutschen Kraftwerken übliche Gemisch (Kohle, Uran, Wasser, Wind etc.).
Quelle: GEMIS = Gesamt-Emissions-Modell Integrierter Systeme des Öko-Instituts Darmstadt. Die aktuelle Version kann im Internet unter www.oeko.de/service/gemis heruntergeladen werden.

Maschinen eingesetzt, die mit fossilen Energieträgern betrieben werden. Rechnet man die Emissionen dieser Maschinen dem Holz zu, so ergeben sich die in Grafik 1 gezeigten Emissionen.

Ein Geschenk der Sonne: Holz

2.1 Steckbrief der wichtigsten Brennstoffe

Heizöl: Zum Heizen zu schade

Heizöl ist neben Erdgas der meist verwendete Brennstoff im privaten Haushalt. Heizöl ist nicht leitungsgebunden, gut speicherbar und vergleichsweise preisgünstig. Nachteil: Die Wartung der Brenner sowie die Lagerhaltung sind relativ aufwändig. Es muss absolut sichergestellt sein, dass kein Tropfen ins Erdreich bzw. Grundwasser gelangen kann; dies gilt für Erd- und Kellertanks. Bis zu 5.000 Liter Heizöl dürfen unter Beachtung bestimmter baulicher Voraussetzungen im Heizraum gelagert werden. Bei der Lagerung außerhalb des Gebäudes muss sichergestellt sein, dass der Tank und die Zuleitungen keinen Temperaturen unter +2 °C ausgesetzt werden; denn sonst könnte Paraffin entstehen, das zu Störungen der Heizungsanlage führt und sich erst bei Temperaturen um 50 °C wieder auflöst.

Kunden können heute zwischen drei verschiedenen Heizölqualitäten wählen, die mindestens die Anforderungen der DIN 51603-1 erfüllen müssen:

1. **Standard-Heizöl EL** (Extra Leicht) ist am preisgünstigsten und kann bis zu 0,2 Gewichtsprozent Schwefel enthalten. Kühlt das bei der Verbrennung entstehende Abgas im Kessel oder im Schornstein unter den Taupunkt von 47 °C ab, entsteht Kondensat mit Schwefelsäure, das sehr aggressiv ist und

den Kessel oder den Schornstein zerstören kann. In der Umwelt sorgen Schwefeldioxidemissionen für Waldschäden und Sommersmog.

2. **Stabilitätsverbessertes Heizöl** ist etwa 5 % teurer. Durch die Zugabe von Additiven beim Tanken wird eine höhere thermische Stabilität und Lagerstabilität erreicht. Geruchsstoffe sollen den typischen Eigengeruch des Heizöls überdekken. Manchmal werden auch noch Verbrennungsverbesserer beigemischt, die das Verrußen vermindern und damit den Wirkungsgrad des Kessels erhöhen sollen. Bei modernen Blau- oder Raketenbrennern sind die Verbrennungsverbesserer allerdings unnötig. Die Schwefelprobleme bleiben bestehen.
3. **Schwefelreduziertes und stabilitätsverbessertes Heizöl** kostet etwa 10 % mehr als Standard-Heizöl, ist allerdings leider noch nicht flächendeckend zu erhalten. Außer dem Zusatz von Additiven ist hier der Schwefelanteil um 75 % auf maximal 0,05 Gewichtsprozent reduziert. Diese Heizölqualität bietet neben ökologischen auch gerätetechnische Vorteile. Insbesondere Heizöl-Brennwertkessel sollten mit dieser Heizölsorte gefahren werden.

Die übrigen klassischen Schadstoffemissionen – Kohlenmonoxid und Stickoxide – konnten in den letzten Jahren durch neuentwickelte Brenner auf ein Minimum reduziert werden.

Erdgas: Brennt sauber

Erdgas hat erheblich an Bedeutung gewonnen und das Erdgasnetz wurde in den letzten Jahren stetig ausgebaut. Zu den Pluspunkten beim Umweltschutz zählen die relativ schadstoffarme Verbrennung, die geringen Wartungskosten sowie der geringe Platzbedarf der Wärmeerzeuger. Der Lagerraum entfällt. Als Minuspunkte gelten die im Vergleich zum Heizöl meist höheren Erdgastarife sowie die Höhe der Hausanschlusskosten, die vom Gasversorger abhängt.

Erdgas enthält im Vergleich zum Heizöl praktisch keinen Schwefel. Der Ausstoß der Schadstoffe Kohlenmonoxid und Stickoxide wird wesentlich von der verwendeten Brennerkonstruktion bestimmt; dies gilt für öl- und gasbefeuerte Anlagen. Bei korrekter Installation der Gasanlage und Absicherung der Gasgeräte gibt es keine Sicherheitsbedenken. Zudem ist dem Erdgas ein starker Geruchsstoff beigemengt, der selbst beim Austreten geringster Mengen sofort wahrgenommen werden kann.

Flüssiggas: Kommt teuer

Flüssiggas fällt in Deutschland in erster Linie bei der Erdölraffinierung an. Es wird vor allem in Regionen ohne Erdgasversorgung eingesetzt, aber auch in manchen Kurorten und Wasserschutzgebieten, wo z. B. die Energieträger Heizöl oder Kohle nur eingeschränkt zulässig sind. Bei der Umweltverträglichkeit ist Flüssiggas weitgehend mit Erdgas vergleichbar. Pluspunkt gegenüber Heizöl: Flüssiggas ist schwefelfrei und verbrennt schadstoffarm (außer Kohlendioxid). Negativ sind die hohen Brennstoffkosten sowie die Lager- und Wartungskosten des Gastanks.

Flüssiggas darf im Gegensatz zu Heizöl nicht in größeren Mengen innerhalb von Gebäuden gelagert werden. Es gibt zwei Möglichkeiten der Lagerung:

- **Oberirdische Lagerung:** Die Tanks können gekauft oder von Flüssiggasfirmen gemietet werden, sind allerdings kein schöner Anblick.
- **Erdtank-Lagerung:** Erdtanks werden in der Regel nicht vermietet. Sie verschandeln nicht die Landschaft, verursachen jedoch höhere Kosten.

Flüssiggas kostet meist 50 bis 100 % mehr als Heizöl und Erdgas und dient deshalb oft nur als Übergangslösung bis zum Erdgasanschluss, zumal die Umstellung technisch sehr einfach ist. Doch Vorsicht: Juristisch kann es Ärger geben, sich auf einen langfristigen Knebelvertrag einzulassen, mit dem manche Flüssiggashändler ihre Kunden bis zu zehn Jahren an sich fesseln und eine vorzeitige Kündigung zu vertretbaren Kosten unterbinden.

Kohle: Nicht zeitgemäß

Festbrennstoffe wie Kohle oder Koks als alleinige Energieträger finden meist nur noch in Großfeuerungsanlagen Verwendung. Durch den Übergang zur Zentralheizung haben sie in Privathäusern und -wohnungen an Bedeutung verloren. Und das ist gut so; denn Kohlefeuerungen sind bedienungsaufwändig und belasten die Umwelt erheblich mehr als andere Brennstoffe.

Strom: Hohe Verluste

Elektrischer Strom ist der hochwertigste Energieträger, der sich nicht nur zur Wärmeerzeugung, sondern auch zum Antrieb von Maschinen, für elektronische Geräte und zur Beleuchtung einsetzen lässt. Wie bereits erwähnt, wird Strom in Deutschland überwiegend in Kohle- und Atomkraftwerken mit hohen Verlusten produziert. Der Wirkungsgrad konventioneller Großkraftwerke liegt lediglich bei 30 bis 40 %, während der Rest als Abwärme in den Kühlturm geht oder die Flüsse aufheizt; effizienter arbeiten GuD-Kraftwerke (Gas- und Dampf-Kraftwerke) mit einem Wirkungsgrad von nahezu 50 %.

Nur etwa 10 % des Stroms wird in „Kraft-Wärme-Kopplung" erzeugt: Hier wird die Abwärme weitgehend über Nah- und Fernwärmeleitungen zur Gebäudeheizung genutzt. Kraftwerke mit Kraft-Wärme-Kopplung erreichen Wirkungsgrade von 80 bis

90 %. Auch kleine Blockheizkraftwerke (BHKW) fallen darunter, bei denen der Brennstoff (meist Erdgas oder Heizöl) einen Motor antreibt, der dafür sorgt, dass über einen angeschlossenen Generator Strom ins häusliche oder ins öffentliche Netz eingespeist werden kann. Die Motorabwärme wird für die Hausheizung genutzt.

In Einfamilienhäusern ist der Einsatz von BHKW zur Zeit wirtschaftlich nicht sinnvoll, da überschüssiger Strom zu niedrig vergütet wird und die BHKW zu geringe Laufzeiten haben, beispielsweise wegen des Stillstandes in der Sommerzeit, in der gar keine oder fast keine Wärme benötigt wird. Zur Versorgung von Siedlungen oder Mehrfamilienhäusern sind Blockheizkraftwerke aber sinnvoll und wegen der hohen Primärenergieausnutzung auch sehr wünschenswert. Eine Kombination mit Sonnenkollektoren zur Warmwasserbereitung bringt meist nichts, da die Solaranlagen die Laufzeiten der BHKW einschränken und den wirtschaftlichen Betrieb damit weitgehend unmöglich machen.

Etwa 9 % des Stroms kommen gegenwärtig in Deutschland aus erneuerbaren Energiequellen (Tendenz steigend): Aus Wasser (5 %) und Wind (3 %) sowie Biomasse und Fotovoltaikanlagen (1 %). Während das Wasserkraftpotenzial in Deutschland weitgehend erschöpft ist, gibt es bei Windkraft-, Biomasse- und Fotovoltaikanlagen rasante Wachstumsraten.

Strom ist angesichts seiner vielseitigen Verwendbarkeit und seines meist schlechten Wirkungsgrades zum Heizen zu kostbar. Eine Ausnahme können elektrische Wärmepumpen bilden (→ Kapitel 5), die mit Hilfe von Strom Umgebungswärme nutzbar machen. Optimale Wärmepumpen produzieren aus 1 kWh Strom mehr als 3,5 kWh Wärme und kompensieren damit die Kraftwerksverluste.

Nah-/Fernwärme: Resteverwertung

Fernwärme zur Gebäudeheizung ist häufig nur in städtischen Ballungsräumen vorhanden. Meist stammt die Wärme aus Kraft-Wärme-Kopplung oder industrieller Abwärme. Hierbei tragen die klassischen Energieträger Kohle, Gas oder Öl im Heizkraftwerk nicht nur zur Stromerzeugung bei; die dabei entstehende Abwärme wird vielmehr zu Heizzwecken bzw. zur Warmwassererzeugung genutzt. Vorteilhaft sind die sehr günstige Primärenergieausnutzung und die geringen Wartungskosten für die Hausstation. Nachteilig sind oft höhere Energiekosten und die zum Teil hohen Anschlussgebühren.

Nahwärme sollte nach unserer Meinung im Vergleich zu herkömmlichen großen Kraftwerkseinheiten beim Stromerzeugungskonzept und der Beheizung kleinerer Einheiten (Mehrfamilienhäuser, kleinere Siedlungen) durch BHKW eine wichtigere Rolle spielen.

Holz: Wächst nach

Holz ist im Gegensatz zu den fossilen Brennstoffen (Kohle, Öl, Gas) ein nachwachsender Rohstoff und gespeicherte Sonnenenergie. Bei der Verbrennung entsteht nur so viel CO_2 wie vorher von den Bäumen aufgenommen wurde. Diese Menge an CO_2 würde auch bei der Verrottung im Wald freigesetzt. Solange nicht mehr Holz geschlagen wird als nachwächst, gibt es einen geschlossenen Kreislauf. Von dem verfeuerten Holz bleiben bei guter Verbrennung nur etwa 3 % als Asche übrig, so dass der Aschekasten – im Gegensatz zur Kohleheizung – nur selten entleert werden muss. Holzasche kann zudem als Dünger eingesetzt oder kompostiert werden.

Nach dem Bundes-Immissionsschutzgesetz darf nur naturbelassenes und trockenes Holz (also ohne Lack oder Holzschutz) verfeuert werden. Es sollte nach dem Schlagen des Baums möglichst bald zerkleinert und mindestens zwei Jahre trocken und luftig gelagert werden. Der Umfang der Holzscheite sollte 25 bis 30 cm möglichst nicht überschreiten, da das Holz sonst schlecht trocknet und die Verbrennung nicht mehr schadstoffarm verläuft.

In letzter Zeit haben sich **Holzpellet-Feuerungen** fast explosionsartig verbreitet. Die aus Holzabfällen hergestellten, zylinderförmigen Pellets sind etwa 8 mm stark und 10 bis 30 mm lang. Sie werden in Säcken geliefert oder mit einem Tankwagen in kleine Silos gefüllt, aus denen sie dann über eine Schnecke oder mit einem Gebläse direkt zum Kessel oder Ofen befördert werden. Die Fördermenge wird über den Wärmebedarf geregelt. Der Schadstoffausstoß ist relativ gering.

Diese vollautoamtischen Holzfeuerungen lassen sich gut mit Solaranlagen kombinieren, die in den Sommermonaten die Warmwasserbereitung komplett übernehmen, so dass die Holzfeuerungen nur noch im Winter gebraucht werden. Für die Installation von Holzfeuerungs- und Solaranlagen gibt es Zuschüsse vom Bundesamt für Wirtschaft in Eschborn.

2.2 Kapitel Klimakiller

Elektroheizungen sind zweifellos die schlimmsten Klimakiller! Vor allem dann, wenn der Strom zu 100 % aus Kohlekraftwerken kommt: In diesem Fall wird pro Kilowattstunde Nutzwärme mehr als ein Kilogramm CO_2 (vgl. 4. Zeile der ersten Spalte in → Tabelle 2). Die Autoren von GEMIS (vgl. Anmerkung zu Grafik 1) gehen davon aus, dass der Strom für elektrische Nachtspeicheröfen zu 85 % aus Kohlekraftwerken kommt, so dass immer noch 968 Gramm CO_2 pro kWh Nutzwärme anfallen. Selbst beim üblichen Strommix (→ Grafik 1) sind es immer noch rund 670 Gramm! Zum Vergleich: Heizöl-Niedertemperaturkessel erzeugen etwa 370 g CO_2 je kWh Nutzwärme und Erdgas-Brennwertkessel „nur" 250 g.

Werden → Wärmepumpen mit Strom aus Kohlekraftwerken betrieben, schneiden sie schlechter als fossile Heizungsanlagen ab, mit deutschem Strommix dagegen besser. Wärmepumpen können generell nur dann mit fossil-befeuerten Heizungsanlagen ökologisch mithalten oder diese sogar übertreffen, wenn sie an einem Flächenheizsystem betrieben werden (→ Wand- oder Fußbodenheizung).

Am günstigsten schneiden Blockheizkraftwerke (BHKW) ab: Da sie nur „nebenbei" Strom erzeugen, müssen konventionelle Kraftwerke heruntergefahren werden, während die BHKW laufen. Die dadurch vermiedenen CO_2-Emissionen werden den BHKW gutgeschrieben, so dass die Emissionen sogar negativ ausfallen. Das Optimum wird erreicht, wenn die BHKW mit Biogas aus der Landwirtschaft betrieben werden.

In Tabelle 2 sind die Emissionen der „klassischen" Schadstoffe dargestellt. Sie konnten bei den herkömmlichen Feuerungen durch technische Verbesserungen stark reduziert werden. Bei den Biomasseanlagen – das sind die letzten drei Zeilen in der Tabelle – sind die Emissionen der Luftschadstoffe (noch) relativ hoch; hier hat der technische Fortschritt gerade erst begonnen.

Tabelle 2: Schadstoffemissionen verschiedener Heizsysteme (nach GEMIS 4.07)

Schadstoffe **Heizsystem**	CO_2 g/kWh	SO_2 mg/kWh	NO_x mg/kWh	CO mg/kWh	Staub mg/kWh
Heizöl – Niedertemperaturkessel	371	750	266	215	34
Erdgas – Niedertemperaturkessel	295	179	234	166	10
Erdgas – Brennwertkessel	252	154	200	145	9
Elektroheizung, 100 % Kohlestrom	1.075	1.056	525	246	26
Elektroheizung, 85 % Kohlestrom	968	980	494	232	27
Elektro-Wärmepumpe Luft, 100 % Kohle	342	347	178	115	12
Elektro-Wärmepumpe Boden, 100 % Kohle	288	294	152	104	11
Elektro-Wärmepumpe Wasser, 100 % Kohle	270	277	144	101	11
Erdgas-Blockheizkraftwerk, klein	- 97	-082	400	383	12
Biogas-Blockheizkraftwerk, klein	- 411	855	1.365	1.183	166
Holzpellet-Feuerungen	83	847	1.020	2.709	317
Solarkollektoranlage + Holzheizung	30	469	269	15.901	196

Zur Tabelle 2: CO_2 = Kohlendioxid-Äquivalent; NO_x = Stickoxid; SO_2 = Schwefeldioxid-Äquivalent; CO = Kohlenmonoxid

2.3 Wirkungsgrade und Preisvergleich

Bei der Verbrennung von Kohle, Heizöl, Erdgas und Holz entstehen als wichtigste Verbrennungsprodukte Kohlendioxid und Wasser, wobei der Wasseranteil bei Erdgas und Holz im Vergleich zu den übrigen Brennstoffen besonders groß ist. Das Wasser existiert zunächst in Form von Wasserdampf in den Abgasen. Unterschreitet das Abgas die Taupunkttemperatur (53 °C bei Erdgas- bzw. 47 °C bei Heizölabgasen), kondensiert das Wasser.

In früheren Jahrzehnten bestanden die Heizkessel nur aus einfachem Stahl oder Guss und die Schornsteine waren gemauert. Wenn in solchen Systemen die Taupunkttemperatur unterschritten und damit Wasser freigesetzt wurde, ging der Kessel kaputt oder der Schornstein durchfeuchtete und/oder versottete. Um solche Schäden zu vermeiden, wurden die Abgase mit weit mehr als 120 °C in den Schornstein geschickt, damit sie auch an der Schornsteinspitze noch warm genug ankamen. Dadurch wurde natürlich sehr viel Energie verschenkt – aber Energie war damals auch noch billiger!

Heute ist Energie relativ teuer; doch dafür stehen uns Materialien wie Kunststoff und Edelstahl zur Verfügung. Moderne Kessel (Brennwertkessel) kühlen die Abgase von Heizöl und Erdgas so tief wie möglich ab, um möglichst viel Nutzwärme zu gewinnen, wobei auch der Taupunkt unterschritten werden darf und sollte. Das dabei entstehende Kondenswasser wird in die Kanalisation abgeleitet. Beim Heizöl muss es allerdings zuvor neutralisiert werden, da es Schwefelsäure enthält.

Die beiden folgenden Begriffe stehen üblicherweise für die Menge an Wärme, die bei der Verbrennung entsteht.

- **Heizwert** (oder Hu = unterer Heizwert) bezeichnet die Wärmemenge, die bei der vollständigen Verbrennung ohne die im Wasserdampf enthaltene Wärmemenge entsteht – also wenn das Abgas bis auf den Taupunkt abgekühlt wird. Darunter beginnt Wasserdampf zu kondensieren.
- **Brennwert** (oder Ho = oberer Heizwert) bezeichnet die Wärmemenge einschließlich der Verdampfungswärme des im Abgas enthaltenen Wasserdampfes (→ Brennwertkessel). Beim Erdgas entspricht dies der Wärmemenge, die bei der Verbrennung entsteht, wenn das Abgas bis auf die Raumtemperatur (20 °C) abgekühlt wird. Beim Erdgas ist der Brennwert etwa 11 % größer als der Heizwert.

Der Heizwert eines Stoffes ist also immer geringer als der Brennwert. Bei der Verbrennung von Erdgas entsteht besonders viel Wasser durch die Abkühlung, nämlich rund 1 Liter pro m^3 Gas. Der Heizwert entspricht der Wärmemenge, die man in kunststoff- und edelstahlfreien Zeiten dem Brennstoff maximal entziehen konnte. Der Wirkungsgrad von Heizkesseln bezog sich auf diesen Heizwert. Typisch für herkömmliche gute Heizkessel sind Wirkungsgrade von ca. 90 % bezogen auf den *Heizwert* – im Vergleich von bis zu 108 % bei Brennwertkesseln.

Die Definition des Wirkungsgrads, die sich auf den *Heizwert* bezieht, ist sehr unglücklich und führt zu vielen Irritationen. Aus heutiger Sicht sollte dieser veraltete Begriff abgeschafft werden. Bezieht sich der Wirkungsgrad dagegen auf den *Brennwert*, dann stimmt die Physik und Brennwertkessel erreichen Wirkungsgrade um 90 - 95 %, während herkömmliche Kessel bei 80 % liegen. Es ist zu begrüßen, dass viele Gasversorger inzwischen für ihr Gas nur noch Brennwerte angeben; auch beim Heizöl dürfte sich allmählich der neuere Begriff durchsetzen.

Tabelle 3: Heizwerte, Brennwerte und Preise

	Heizwert kWh	**Brennwert** kWh	**Bezugsmenge**	**Cent** kWh	**Pfennig** kWh
Heizöl EL (Extra Leicht)	10,1	10,6	Liter	3,7	7,2
Erdgas LL (vgl. oben)	8,9	9,8	m³	4,0	7,8
Erdgas E (vgl. oben)	10,4	11,4	m³	4,0	7,8
Flüssiggas	7,2	7,8	Liter	7,5	14,7
	12,9	14,0	kg		
Fernwärme	1,0	1,0	kWh	5,5	10,8
Nachtstrom NT	1,0	1,0	kWh	6,7	13,1
Tagstrom HT	1,0	1,0	kWh	14,1	27,6
Lufttrockenes Kiefernholz	4,4	4,9	kg	3,4	6,6
	1.600	1.750	Raummeter		
Lufttrockenes Buchenholz	4,0	4,5	kg	2,6	5,1
	2.100	2.300	Raummeter		
Holzpellets	4,9	5,4	kg	4,0	7,8
	3.185	3.500	m³		

Zur Tabelle 3: Preise inkl. Mehrwertsteuer und Grundgebühr bei Abnahme von 20.000 kWh, ermittelt im Juni 2001 in Oldenburg. Die Preise beziehen sich auf den Brennwert. Bei (Stück-)Holz wird ein Preis von 60 € (117 DM) je Raummeter ofenfertiges Holz angesetzt. Bei Holzpellets sind die Preise stark von der Entfernung zum Pellethersteller abhängig. Pellets per Tankwagen kosten frei Haus zwischen 140 und 220 € (274 - 430 DM) pro Tonne oder zwischen 2,9 und 4,4 Cent (5,7 bis 8,6 Pfennig) pro kWh. Sackware wird für etwa 250 € (489 DM) pro Tonne oder 5,2 Cent (10,2 Pfennig) pro kWh geliefert.

→ Tabelle 3 macht die Heizwerte und Brennwerte der verschiedenen Brennstoffe vergleichbar. Die angegebenen Preise beziehen sich jeweils auf den Brennwert (auch bei den Festbrennstoffen!).

Bei Erdgas gibt es zwei Sorten – je nachdem, wo das Erdgas gefördert wird. Beide Sorten sind gleichwertig. Ihr Gasversorger kann Ihnen sagen, welche Sorte er Ihnen liefert.

Für Holz und Holzpellets gibt es derzeit noch keine Kessel, die den Brennwert nutzen, weil bei der Verbrennung Staub entsteht, der in Verbindung mit Wasser sehr schnell die Wärmetauscher verschmutzt; die neuen Kessel sind noch in der Entwicklung.

Preisangaben sind bekanntlich meist schnell veraltet. Doch die Preise der meisten Energieträger passen sich erfahrungsgemäß rasch den Trends am Heizölmarkt an, so dass die Relationen gleich bleiben. Der Preisvergleich sollte natürlich nicht allein auf die Energieträger beschränkt bleiben, sondern auch die Anschlüsse bzw. Tankkosten mit einbeziehen:

Tabelle 4: Anschluss- bzw. Tankkosten

Tankart	Liter	Richtpreis in €	in DM
Heizöl: Erdtank	3.000	3.150	6.161
Heizöl: Kunststoff-Kellertank	3.000	2.000	3.912
Flüssiggas: Gekaufter Tank	2.700	2.000	3.912
Flüssiggas: Gemieteter Tank pro Jahr		210	411
Erdgas: Hausanschluss		1.000 - 2.500	1.956 - 4.890
Fernwärme: Hausanschluss		2.000 - 5.000	3.917 - 9.779

Zur Tabelle 4: Die Preise sind regional und je nach Anbieter unterschiedlich

3. Heizkessel

Technik auf hohem Standard

Die Technik von Heizkesseln hat sich in den letzten 20 Jahren besonders in Bezug auf Energieausnutzung und Regelfähigkeit stark weiterentwikkelt. Wer einen alten Heizkessel auswechselt, wird überrascht sein, welche Energieeinsparung der neue Kessel bringt: 20 bis 30 % sind keine Seltenheit! Die mengenmäßig größte Bedeutung bei der Erzeugung von Heizwärme haben in Deutschland Öl- und Gaskessel, die wir deshalb zuerst behandeln. Bei den Festbrennstoffen ist vor allem Holz auf dem Vormarsch.

Von Ausnahmen abgesehen werden Heizkessel heute als Spezialkessel für die Verbrennung eines Brennstoffs konzipiert. Heizkessel für kleinere und mittlere Wohngebäude werden im Wesentlichen nach ihrer Betriebsweise unterschieden:

- **Konstanttemperaturkessel** bzw. Standardkessel: Diese Kessel müssen ganzjährig mit konstanter Temperatur von mehr als rund 60 °C betrieben werden, um die Kondensation von Wasserdampf im Kessel oder Schornstein zu vermeiden. Auch an milden Tagen fließt also Heizwasser mit hoher Temperatur zu den Heizkörpern und verursacht hohe Wärmeverluste über die Kesselwandungen und Rohrleitungen. Der Jahresnutzungsgrad liegt – bezogen auf den Brennwert – nur bei 70 % .
- **Niedertemperaturkessel:** Die Kesselwassertemperatur ist entweder konstant auf nicht mehr als 55 °C eingestellt oder sie gleitet entsprechend den Witterungsverhältnissen automatisch zwischen 75 und 40 °C; wenn die Temperatur noch niedriger liegt, sprechen einige Hersteller von „Tieftemperaturkesseln". Die Abgastemperatur von Niedertemperaturkesseln liegt bei über 100 °C, um Wasserdampfkondensation im Schornstein oder Abgasrohr zu vermeiden. Jahresnutzungsgrad: 82 % bezogen auf den Brennwert.
- **Brennwertgeräte:** Auch hier gleitet die Kesselwassertemperatur entsprechend den Witterungsverhältnissen. Das Abgas wird jedoch so weit abgekühlt, dass das darin enthaltene Wasser kondensieren kann. Der Jahresnutzungsgrad steigt auf bis zu 95 % bezogen auf den Brennwert.

Die technisch veralteten Konstanttemperaturkessel sind preiswert in der Anschaffung, jedoch teuer im Betrieb. Nach der Energieeinsparverordnung sind sie dennoch erlaubt, wenn die Verluste durch eine verbesserte Gebäudewärmedämmung kompensiert werden. Im Gegensatz zu modernen Geräten müssen Standardkessel noch per Hand geregelt werden. Für Heizöl sind Niedertemperaturkessel inzwischen der technische Mindeststandard. Und beim Erdgas sollte es schon ein Brennwertkessel sein.

Die aufgeführten Heizkesseltypen im kleineren Leistungsbereich (also bis etwa 80 kW) werden heute vorwiegend als Geräteeinheiten angeboten. Der Heizkessel wird also fix und fertig geliefert, beispielsweise mit

- abgestimmtem Brenner (Öl- /Gas-Gebläsebrenner),
- witterungsgeführter Regelung (Außenfühler),
- Warmwasserspeicher,
- Anschlussgruppe mit Umwälzpumpe,
- Ausdehnungsgefäß für Heizung,
- steckfertiger Elektroverdrahtung.

Sind die genannten Komponenten nicht bereits geräteintegriert wie bei den Wandkesseln, so werden sie zumindest als Bausteine von den Herstellern angeboten. Diese Komplettvarianten sparen Montageaufwand beim Einbau. Außerdem werden für den Endverbraucher und Heizungsbauer eindeutige Verhältnisse bei Garantie- und Gewährleistungsansprüchen geschaffen. Allerdings muss die Auslegung von z. B. Heizkreispumpe und Ausdehnungsgefäß auf das zu versorgende Heizungsverteilnetz abgestimmt sein und somit fachmännisch berechnet werden.

TIPP: Bei der Heizungsinstallation müssen eine Fülle technischer Regeln und Normen eingehalten werden. Da die Montagekosten gegenüber dem hohen Materialwert eher gering sind, ist von der **Selbstmontage** eher abzuraten, zumal Heimwerker damit in der Regel handwerklich überfordert sind. Wir können nur eindringlich davor warnen, sich beispielsweise auf Messen irgendwelche Schnäppchen andrehen zu lassen, die tatsächlich meist kaum billiger sind als die Komplettmontage durch einen ortsansässigen Handwerker. Wer es unbedingt selbst machen möchte, sollte zumindest ein Vergleichsangebot für die Montage durch einen Fachbetrieb einholen.

3.1 Neue Abgasgrenzwerte: Die Uhr tickt!

Die im Sommer 1996 verabschiedete Kleinfeuerungs-Verordnung hat die Grenzwerte für den zulässigen Abgasverlust von Öl- und Gasheizkesseln verschärft. Brennwertgeräte unterliegen allerdings nicht der jährlichen Emissionsmessung! Eine Überprüfung dieser Anlagen findet vielmehr im Rahmen der länderspezifischen Kehr- und Überprüfungsordnung statt. In der Regel sind die Schornsteinfegergebühren für Brennwertgeräte deshalb niedriger als bei konventionellen Heizgeräten.

Seit Januar 1998 ist der **maximale Abgasverlust** von Öl- und Gasheizkesseln auf folgende Werte begrenzt: Bei einer Kesselleistung

- von unter 25 kW auf maximal 11 %,
- von 25 bis 50 kW auf maximal 10 %,
- von über 50 kW auf maximal 9 %.

Der Bezirksschornsteinfeger hat bei der jährlichen Emissionsmessung bis Ende 1998 sogenannte Einstufungsmessungen durchgeführt. Entsprechend der dabei erfolgten Eingruppierung gelten für die maximalen Abgasverluste folgende **Übergangsfristen**, (wobei die Prozentwerte jeweils bis 0,5 abgerundet und darüber aufgerundet werden):

- Überschreitungen um 3 % und mehr: Bei Kesseln mit Nennwärmeleistungen über 100 kW

war dies nur bis zum 1.11.1999 zulässig; mit dem 1.11.2001 läuft die Frist auch für leistungsschwächere Kessel ab
- Überschreitungen von 2 % sind noch bis zum 1.11.2002 zulässig
- Überschreitungen bis 1 % werden bis höchstens 1.11.2004 toleriert.

Erstmalig werden auch die **Stickoxid-Emissionen** in dieser Verordnung begrenzt – und zwar auf 120 mg/kWh für Heizöl und auf 80 mg/kWh für Erdgas. Diese Werte werden nicht durch den Bezirksschornsteinfeger gemessen; sie sind vielmehr bei Neuanlagen oder bei wesentlichen Änderungen an bestehenden Anlagen durch Bescheinigung des Herstellers nachzuweisen. Beim Anbau eines neuen Brenners an einen alten Heizkessel wird kein Nachweis benötigt.

Im Jahre 2002 wird die neue **Energieeinsparverordnung** (ENEV02) eingeführt, die eindeutig festlegt:

„Eigentümer von Gebäuden müssen Heizkessel, die mit flüssigen oder gasförmigen Brennstoffen beschickt werden und vor dem 1. Oktober 1978 eingebaut oder aufgestellt worden sind, bis zum 31. Dezember 2006 außer Betrieb nehmen." Falls bei diesen alten Geräten allerdings nach dem 1. November 1996 ein neuer Brenner eingebaut wurde, verlängert sich die Frist bis zum 31. Dezember 2008.

Und noch eine wichtige Frist: Bis zum 31. Dezember 2005 müssen alle zugänglichen Wärmeverteilungs- und Warmwasserleitungen sowie Armaturen, die sich nicht in beheizten Räumen befinden, gedämmt werden!

3.2 Steckbrief der wichtigsten Kesselarten

Öl-Niedertemperaturkessel:
Auf Gas umrüstbar

Diese Niedertemperaturkessel lassen sich einfach auf Erdgas umrüsten: Der Ölbrenner muss lediglich durch einen Gasbrenner ersetzt werden. In ihrer Weiterentwicklung wurden die modernen Kessel immer kompakter. Gleichzeitig wurde der Kesselwasserinhalt verringert sowie die Wärmedämmung verbessert, um die Stillstandsverluste zu minimieren. Dies ist wichtig, weil ein Kessel mit Warmwasserbereitung immerhin etwa 8.700 Stunden pro Jahr in Betriebsbereitschaft ist, während die eigentliche Brennerlaufzeit nur bei 1.500 bis 2000 Stunden liegt.

Bis auf wenige Ausnahmen verfügen moderne Kessel über eine „heiße Brennkammer“ bzw. einen „Trockenbrennzylinder“. Der Vorteil dieser Konstruktion besteht darin, dass in der Anfahrphase des Brenners die Kesselwandungen schnell heiß werden. Dadurch wird die Abgaskondensation im Brennraum gemindert bzw. vermieden, um der Korrosionsgefahr vorzubeugen. Alte Ölkessel mussten in der Regel mit mindestens 65 °C betrieben werden, damit die Rauchgase nicht an zu kühlen Wandungen im Brennraum kondensieren konnten.

Moderne Ölgebläsebrenner mit kleiner Leistung haben zur Erzielung optimaler Verbrennungsergebnisse eine Ölvorwärmung. Eine Luftabschlussklappe verhindert die Auskühlung des Kessels bei Stillstand.

Als Kesselmaterialien werden entweder Guss, Stahl oder Edelstahl verwendet – Materialien mit einer vergleichbaren Lebensdauer. Gusskessel haben bei der Schalldämmung einige Vorteile gegenüber Stahl- und Edelstahlheizkesseln.

Beim **Gelbbrenner** wird das Öl mit einer Düse unter Druck zerstäubt. So bildet sich ein zündfähiges Luft-/Ölgemisch. Konstruktionsbedingt kann das Öl nicht vollständig vergasen; die verbleibenden Kohlenstoffmoleküle verbrennen unter Abgabe hellgelber Strahlung.

Beim **Blaubrenner** wird konstruktiv durch Rezirkulation der heißen Verbrennungsgase eine vollständige Vergasung des Öls erreicht. Das Gasgemisch verbrennt unter Abgabe blauer Strahlung. Hierzu zählen auch die **Raketenbrenner**. Der Vorteil beim Blaubrenner ist die geringere Schadstoffemission sowohl beim Brennerstart (weniger Kohlenwasserstoffe), als auch im Dauerbetrieb (weniger Stickoxide). Dafür muss ein geringfügig höheres Betriebsgeräusch in Kauf genommen und etwas mehr für die Anschaffung bezahlt werden.

Gasgebläsebrenner sind ähnlich aufgebaut wie Ölzerstäubungsbrenner, wobei natürlich statt Öl- entsprechende

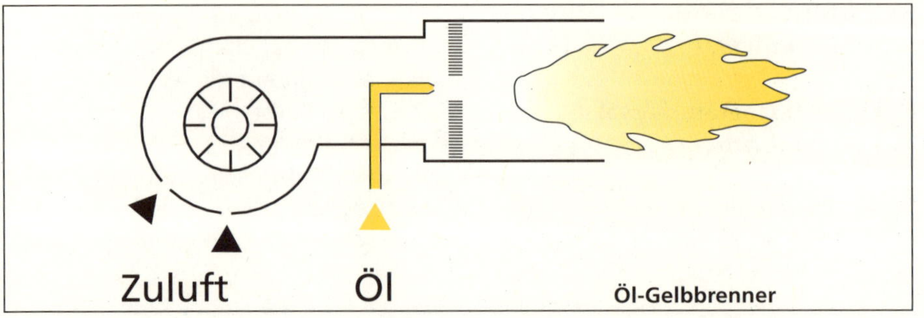
Zuluft
Öl
Öl-Gelbbrenner

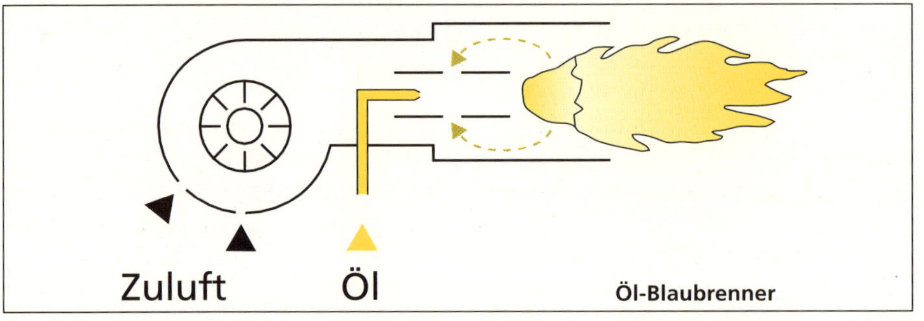
Zuluft
Öl
Öl-Blaubrenner

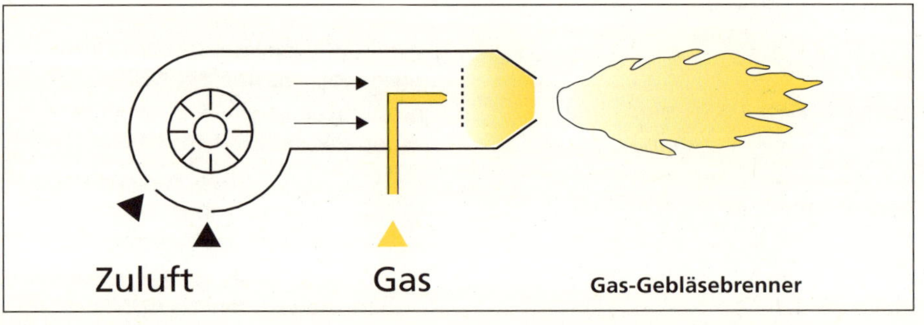
Zuluft
Gas
Gas-Gebläsebrenner

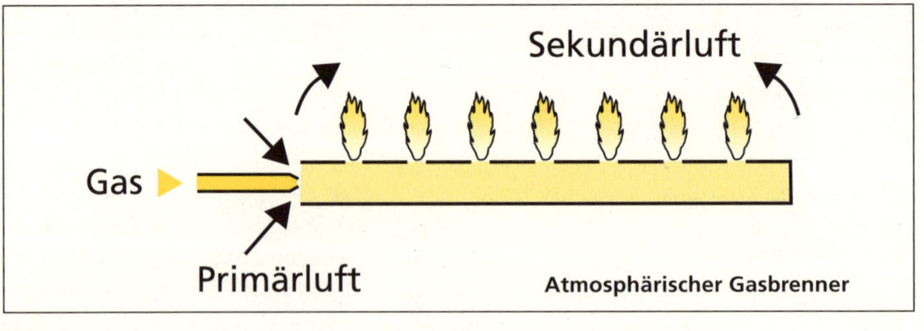
Sekundärluft
Gas
Primärluft
Atmosphärischer Gasbrenner

Gasarmaturen verwendet werden. Die Zuluft- und Gasmengen können bei diesen Brennern sehr genau reguliert werden; daher ist die Verbrennung besser und schadstoffärmer als bei sogenannten → atmosphärischen Brennern. Die Anschaffung eines teuren Öl-/Gas-Spezialheizkessels lohnt sich meist erst bei einer Leistungsstufe ab 35 kW, weil dann der bessere Wirkungsgrad den höheren Anschaffungspreis wett macht. In Ein- und Zweifamilienhäusern sind Gas-Spezialkessel selten im Einsatz.

TIPP:

- Bei einem Umstieg von Heizöl auf Erdgas kann der Ölbrenner, sofern der Kessel noch in gutem Zustand ist, gegen einen **Gasbrenner** getauscht werden. Das ist weitaus preisgünstiger als eine komplett neue Anlage.
- Kessel und Brenner bilden eine Einheit und müssen aufeinander abgestimmt sein. Im Zweifel ist es sinnvoller, wenn der Heizungsbauer den Brennertyp einbaut, dessen Ersatzteile er führt und den er warten kann. Im Hinblick auf die jährlichen **Wartungskosten** sollte auch auf die Anfahrtswege bei Auftragsvergabe geachtet werden.
- In modernen Öl-Gas-Spezialkesseln kann auch umweltfreundliches **Rapsöl** verheizt werden. Die entsprechenden Gebläsebrenner sind nicht teurer als Ölbrenner, die Umstellung kostet jedoch ca. 2.000 € (3.912 DM).

Gasspezialkessel:
Abgekühlte Flammenzone

Im Gegensatz zum eben beschriebenen Öl-/Gas-Spezialheizkessel kann dieser Wärmeerzeuger nur mit Gas betrieben werden. Die im Kessel eingebauten Stab- oder Flächenbrenner arbeiten nach folgendem Prinzip: Das Brenngas saugt durch Injektionswirkung die notwendige Luft selbsttätig an. Nach einer Durchmischung tritt das Gas durch eingearbeitete Loch- oder Schlitzreihen an der Oberseite eines Rohres aus und verbrennt. Eine Umstellung von Flüssiggas auf Erdgas ist bei den meisten Geräten möglich. Notwendig ist lediglich der Austausch einiger Kleinteile (Brennerdüsen etc.).

Alte atmosphärische Gaskessel belasten die Umwelt hauptsächlich durch den Ausstoß von Stickoxiden, die durch zu heiße Flammen erzeugt werden. Bei den jüngeren Kesseln wurde durch eine Kühlung der Flammenzone Abhilfe geschaffen. Die Verschärfung der Grenzwerte für Stickoxide (80 mg/kWh) hat die Konstruktion von Brennern bewirkt, die diese Grenzwerte deutlich unterschreiten. Die früher übliche Dauerzündflamme wurde bei den neuen Kesseln durch eine vollautomatische elektrische Zünd- und Sicherheitseinrichtung ersetzt.

Brennwertkessel:
Wärmer durch Kondensation

Brennwertkessel haben die höchste Brennstoffausnutzung bei geringen Schadstoffemissionen, da sie die Abgase bis weit unter den Taupunkt abkühlen. Meist wird dazu das kühlere Heizungsrücklaufwasser im Gegenstrom durch den Wärmetauscher geführt, damit der im Abgas vorhandene Wasserdampf kondensiert. Der Nutzungsgrad ist umso höher, je niedriger die Heizungsrücklauftemperatur ausfällt. Eine witterungsgeführte Heizungstemperaturregelung sowie groß ausgelegte Heizkörper unterstützen somit die Brennwertnutzung.

Überströmventile sind eher kontraproduktiv: Denn sie erhöhen die Rücklauftemperatur, da sie wärmeres Wasser aus dem Heizungsvorlauf beimischen, um den bei manchen Brennwertgeräten erforderlichen Mindestdurchfluss zu garantieren.

Bei einer Heizungsmodernisierung stellt sich häufig die Frage, ob die vorhandenen Heizkörper für einen Brennwertkessel groß genug sind. Meist sind sie es: Viele Heizkörper in älteren Gebäuden sind durch eine nachträglich vorgenommene Wärmedämmung (Isolierverglasung!) sowie die damals gültigen Normen überdimensioniert, so dass Brennwertgeräte im überwiegenden Teil der Heizperiode auch im wirtschaftlichen Kondensationsbetrieb arbeiten.

TIPP: Statt Geld für größere Heizkörper auszugeben, sollte deshalb besser in **Wärmeschutzmaßnahmen** investiert werden, da mit jeder zusätzlichen Dämmmaßnahme die Vorlauftemperatur abgesenkt und der Wirkungsgrad des Brennwertkessels erhöht werden kann. Im Übrigen ist die Energieausnutzung durch einen Brennwertkessel auch dann noch höher als bei einem Niedertemperaturkessel, wenn die Kondensation nicht mehr stattfindet.

Das am Wärmetauscher anfallende Kondensat muss aus dem Kessel abgeführt werden. Das können bei einem Kessel mit einer Nennwärmeleistung von 20 kW schon einmal 20 Liter pro Tag sein; übers Jahr kommen je nach Heiztemperaturen 2.000 bis 4.000 Liter zusammen. Bei Erd- und Flüssiggas ist dies in der Regel relativ unproblematisch: Bis maximal 25 kW kann das leicht saure Kondensat über einen entsprechenden Anschluss in das häusliche Abwasser eingeleitet werden. Einige Kommunen genehmigen auch größere Leistungen ohne Neutralisation des sauren Kondenswassers. Auskunft erteilt in der Regel das Bauamt oder die untere Wasserbehörde.

Bei der Installation im Keller muss bei höher liegendem Abwasserkanal gegebenenfalls eine Kondensathebepumpe eingebaut werden. Bei großen Kesselleistungen sowie bei Öl-Brennwertkesseln muss das Kondensat grundsätzlich neutralisiert werden.

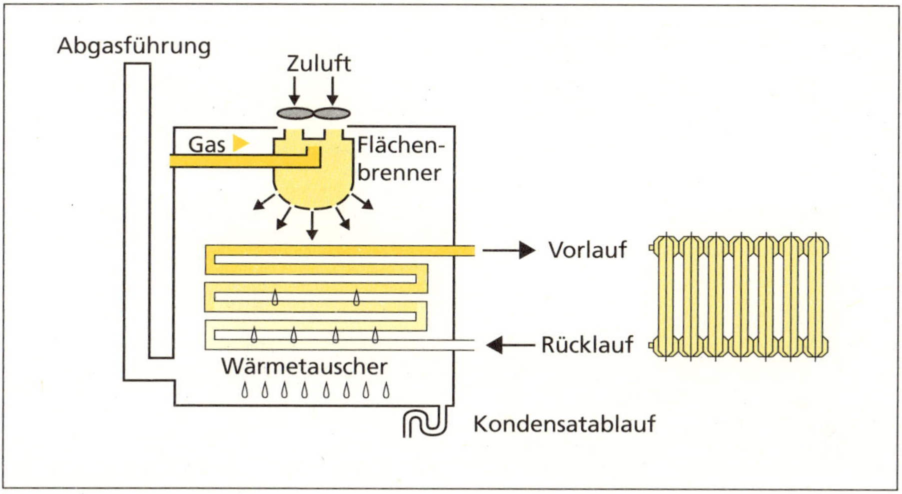

Prinzip Brennwertkessel

Herkömmliche Schornsteine sind für den Betrieb solcher Kessel nicht geeignet, da ihre Dichtigkeit für das Abgasgebläse nicht ausreicht und sie zu feuchtigkeitsempfindlich sind. Meist werden zur Abführung der relativ kalten Abgase speziell zugelassene und durchaus preiswerte Kunststoffrohre verwendet. Die Abgasführung bei Brennwerttechnik ist daher häufig günstiger zu realisieren als bei den üblichen, an den Schornstein gebundenen Heizkesseln.

Vormisch-Flächenbrenner: Neben selbstansaugenden atmosphärischen Brennern mit abgasseitiger Gebläseunterstützung werden im kleinen Leistungsbereich bei Gas-Brennwertgeräten heute überwiegend modulierende Gebläse-Flächenbrenner eingesetzt. Hierbei wird das Gas vollständig mit der Verbrennungsluft vor der Flamme vermischt und über einer gelochten Brennerplatte verbrannt. Aufgrund der geringen Strömungsgeschwindigkeiten arbeiten die Brenner leise. Die genaue Verbrennungsluftsteuerung ermöglicht zudem eine effiziente und schadstoffarme Verbrennung. Bei größerer Kesselleistung und bei Ölbrennwertgeräten werden Gebläsebrenner verwendet.

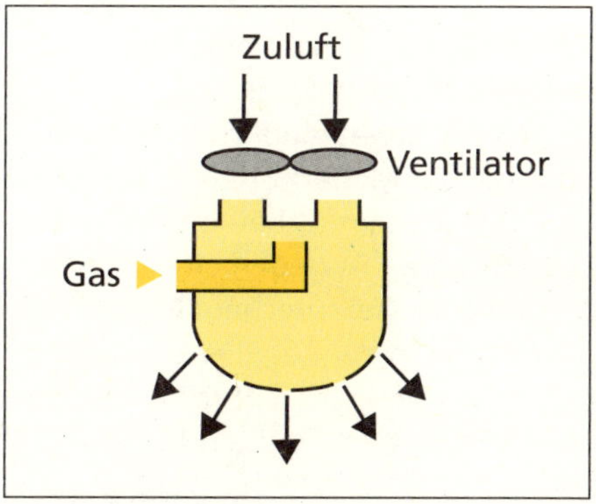

Vormisch-Flächenbrenner

Brennwertkessel mit Warmwasserspeicher

Bei Einsatz nur eines Kessels sind grundsätzlich **modulierende Brenner** den 1- oder 2-stufigen Brennern vorzuziehen, da sie sich in gewissen Grenzen (ca. 30 - 100 % der Nennwärmeleistung) dem momentanen Wärmebedarf selbsttätig anpassen. Dadurch wird die Anzahl der Brennerstarts verringert, die einen wesentlichen Anteil der Schadstoffemissionen des Heizkessels verursachen.

TIPP: Bei einer guten Neubauplanung sollte die Installation eines **Brennwertkessels selbstverständlich** sein. Aber auch bei der Modernisierung von Heizungsanlagen im Altbau gibt es kaum noch Gründe, die gegen einen Gas-Brennwertkessel sprechen. Die Mehrkosten sind in der Regel relativ gering und amortisieren sich durch die eingesparte Energie in wenigen Jahren.

Bei der Öl-Brennwerttechnik ist das Verhältnis von energetischem Nutzen zum technischen Aufwand weniger günstig als bei gasbefeuerten Geräten: Neben der zwingend erforderlichen Neutralisation stellt das erheblich saurere Kondensat auch höhere Anforderung an die verwendeten Werkstoffe, die entsprechende Mehrkosten verursachen. Außerdem muss der ohnehin geringe Brennwerteffekt (6 %) mit noch tieferen Rücklauftemperaturen erzielt werden.

Es ist mit einer Energieeinsparung von bis zu 10 % gegenüber Öl-Niedertemperaturkesseln zu rechnen. Ob sich der Einsatz eines Öl-Brennwertgeräts im Einzelfall lohnt, bedarf jedenfalls einer genauen energetischen und wirtschaftlichen Betrachtung. Im Übrigen lassen sich Heizwertgeräte auch nachträglich mit einem separaten (Keramik-)Wärmetauscher, an dem die Kondensation stattfinden kann, auf Brennwert „hochrüsten".

Mit dem bald erhältlichen schwefelarmen Heizöl werden sich die Material- und Ablagerungsprobleme in den Kesseln voraussichtlich entschärfen. Auch eine Neutralisation könnte dann für kleine Kessel evtl. entfallen. Die Entwicklung bleibt abzuwarten.

Gastherme:
Platzsparend an der Wand

Gasthermen werden hauptsächlich bei Etagenheizungen eingesetzt, sind in der Regel aber auch für Einfamilienhäuser geeignet. Durch ihren kompakten Aufbau sind sie etwas wartungsintensiver als atmosphärische Gaskessel (Standgeräte), beim Wirkungsgrad gibt es dagegen kaum Unterschiede. Brennwertgeräte (Kessel oder Thermen) sind trotzdem nach Möglichkeit vorzuziehen, denn sie brauchen für die gleiche Menge Nutzwärme bis über 10 % weniger Erdgas.

Prinzipiell arbeiten Gasthermen – sie werden auch **Gas-Umlauferhitzer** genannt – wie atmosphärische Kessel. Wesentliche Unterschiede: Der Brennraum ist sehr klein und hat einen geringen Wasserinhalt. Diese Geräte werden wie die meisten kleineren Brennwertkessel oder -thermen an der Wand befestigt. Sie brauchen nur wenig Platz und passen deshalb gut in die Küche, das Bad oder den Flur.

Neben den „normalen" Geräten mit Abgasführung über den Schornstein gibt es auch eine „raumluftunabhängige" Bauart: Dabei werden durch ein Spezialrohr sowohl die Abgase abgeführt als auch die benötigte Verbrennungsluft zugeführt. Aus Kostengründen sollten die Abgaswege allerdings möglichst kurz sein, also beispielsweise direkt unter dem Dach liegen.

Bei einer weiteren Bauform – **Kombitherme** genannt – ist zusätzlich eine → Warmwasserbereitung nach dem Prinzip der Durchlauferhitzer integriert. **Wandhängende Öl-Heizgeräte** (gibt's auch in Brennwertausführung) werden abhängig oder unabhängig von der Raumluft betrieben und können z. B. bei Platzmangel eine Alternative zu Standgeräten sein. Zur Aufstellung im Wohnbereich sind sie wegen möglicher Geruchsbelästigung allerdings nicht geeignet.

Feststoffkessel:
Auch Stroh macht warm!

Grundsätzlich ist die Verbrennung von festen Brennstoffen mit einem wesentlich höheren Ausstoß an Luftschadstoffen verbunden als die einer Öl- oder Gasheizung. Das Bundesimmissionsschutzgesetz erlaubt die Verfeuerung von Kohle, Koks, Holz und anderen pflanzlichen Produkten. Aus Klimaschutzgründen sollte die Kohle- und Koksfeuerung jedoch der Vergangenheit angehören.

Heiztherme in einer Wohnküche (→ Seite 29)

Angeboten werden sogenannte Allesbrenner (was nicht wörtlich genommen werden sollte!), umstellbare Kessel, die z. B. für Holz und Koks geeignet sind, sowie Spezialkessel. Da jeder Brennstoff andere Verbrennungseigenschaften aufweist, können nur die speziell für einen Brennstoff konzipierten Heizkessel optimierte Lösungen bringen. Dies gilt besonders für die Verbrennungsluftzuführung. Zu unterscheiden sind Kessel

- mit Regelung über Verbrennungsluftklappen (abhängig vom Schornsteinzug),
- mit ungeregeltem Verbrennungsluftgebläse (Ein-/Aus-Betrieb),
- mit stufenlos geregeltem Verbrennungsluftgebläse.

Letztere entsprechen dem Stand der Technik. Allerdings sind sie in der Anschaffung zwei- bis dreimal so teuer wie die einfachen Festbrennstoffkessel bzw. Öl-/Gaskessel.

Je besser die Verbrennungsluftversorgung und Brennraumgeometrie an den jeweiligen Verbrennungsprozess angepasst sind, desto höher ist die Energieausnutzung und desto geringer die Entwicklung von Schadstoffen und Rückständen. Dies ist nicht nur für Geldbeutel und Umwelt von Bedeutung: Bei verbesserter Verbrennung sinkt vielmehr auch der Bedienungsaufwand! Schließlich muss in extremen Kälteperioden unter Umständen mehrmals täglich Brennstoff nachgelegt werden, die anfallende Asche will entsorgt sein und die Brennkammer des Kessels muss regelmäßig von Verbrennungsrückständen (Ruß) gereinigt werden.

Aus diesen Gründen werden einfache Festbrennstoffkessel vielfach nur noch als zusätzliche Wärmeerzeuger in Kombination mit einem Öl- oder Gaskessel eingebaut, was höhere Anschaffungskosten verursacht. Weitere

Einsatzgebiete sind dort, wo ein Brennstoff in großen Mengen zur Verfügung steht wie beispielsweise Stroh in der Landwirtschaft. Dadurch wird ein wirtschaftlicher Betrieb auch aufwendiger Systeme möglich. Bei größeren Einheiten werden die Kessel im allgemeinen automatisch beschickt.

Um die Emissionen zu begrenzen, sollten Festbrennstoffkessel nur im Voll-Lastbetrieb arbeiten. Um dem Gebäude auf kontinuierliche Weise Wärme über die Tages-Heizzeit zuführen zu können, muss ein Pufferspeicher zwischen dem in Voll-Last betriebenen Heizkessel und dem gleitend gefahrenen Heizsystem geschaltet werden. Der Pufferspeicher sollte mit 50 Liter pro kW Heizkesselleistung bemessen werden. Für einen typischen Kleinkessel mit 20 kW Leistung bedeutet dies ein Speichervolumen von 500 bis 1000 Litern. Die Nutzungsdauer von Feststoffkesseln liegt zwischen 15 und 20 Jahren.

Holzvergaser: Saubere Verbrennung

Holz als gasreicher, langflammiger Brennstoff erfordert größere Kesselabmessungen als Öl oder Gas. An die Regelung des Verbrennungsprozesses sowie an die Bedienung eines Holzkessels werden höhere Ansprüche gestellt. Während in Forstwirtschaft und Holzverarbeitungsbetrieben auch Hackschnitzel, Sägemehl oder Restholz verheizt werden, sind es im privaten Haushalt fast ausschließlich Scheitholz und seit einiger Zeit Holzpellets.

Beim technisch ausgereiften Holzvergaserkessel erfolgt der Verbrennungsprozess in drei Phasen und wird durch ein Luftgebläse unterstützt, das die Verbrennung vom wechselnden Schornsteinzug unabhängig macht. Der Brennstoff wird im Füllschacht vorgetrocknet, wobei sich bereits eine Vorverbrennung der leicht flüchtigen Bestandteile ergibt. Die entstehende Holzkohle wird anschließend bei geringer Luftzufuhr (Primärluft) vergast. Die Hauptverbrennung findet in einer nachgeschalteten Wirbelbrennkammer aufgrund der Verwirbelung mit Sekundärluft statt. Bei Temperaturen von mehr als 900 °C verbrennen auch schwerzündende Bestandteile wie Kohlenmonoxid (CO). Gegenüber herkömmlichen Holzkesseln ergibt sich eine erhebliche Schadstoff- bzw. Rückstandsreduzierung sowie eine bessere Energieausnutzung (Wirkungsgrade bis ca. 90 %).

Eine weitere Variante der Holzvergasertechnik arbeitet mit einer stufenlos geregelten Verbrennungsluftzufuhr. Der Luftbedarf wird mit einer Lambda-Sonde überwacht. Mit dieser modulierenden Betriebsweise kann unter Einhaltung gesetzlicher Schadstoffgrenzwerte für CO und Staub auch ein Teillastbetrieb bis ca. 50 % der Nennleistung gefahren werden. Dies ermöglicht in Grenzen die Anpassung an den momentanen Wärmebedarf des Gebäudes. Der Pufferspeicher kann kleiner bemessen werden.

Der **Preis** für einen Holzvergaserkessel liegt je nach Ausstattung mit modulierender Betriebsweise, automatischer Heizflächenreinigung oder Entaschung bei 3.500 bis 7.000 € (6.845 bis 13.691 DM). Das Bundesamt für Wirtschaft in Eschborn und einige Bundesländer (→ Adressen) stellen für die Errichtung von Anlagen zur Verfeuerung von fester Biomasse (also Holz, Getreide etc.) teilweise ganz erhebliche Fördergelder zur Verfügung. Erkundigen Sie sich bei der Verbraucherzentrale über die aktuellen Förderbedingungen.

Pelletkessel: Durchbruch für Holz

Was eben zur Verbrennung in modernen Holzkesseln gesagt wurde, gilt im Prinzip auch für die immer stärker kommenden Holzpelletkessel. Wegen der guten Dosierbarkeit der Brennstoffzufuhr kann bei ihnen der Brennraum kleiner ausfallen. Die neuen Pelletkessel bieten denselben Komfort wie moderne Öl- bzw. Gaszentralheizungen. Es gibt sie in Leistungsklassen bis hinab zu einer regelbaren Leistung zwischen 2 und 10 kW. Damit sind sie auch in Gebäuden mit geringstem Wärmebedarf (Niedrigenergiehäuser, Passivhäuser) sinnvoll einsetzbar. Von den Herstellern wird die Installation eines (kleinen!) Pufferspeichers empfohlen.

Für die Zuführung des Brennstoffs gibt es verschiedene automatische Beschickungssysteme: Bei kurzen Wegen zum Brennstofflagerraum wird bevorzugt die Schneckenförderung eingesetzt, sonst kommt ein Saugsystem in Frage. Aber auch manuell aus Säcken beschickbare Wochenvoratsbehälter werden mit den Kesseln angeboten; das Sackgut ist allerdings teurer als das lose Material. Die Versorgungsinfrastruktur ist vor allem in Norddeutschland noch im Aufbau.

TIPP: Wichtig für die Funktion der Anlage ist die **Pelletqualität**; wir empfehlen deshalb dringend, sich nur auf erfahrene Pellethersteller mit einer entsprechenden Funktionsgarantie zu verlassen.

Neben Pellet-Spezialkesseln gibt es auch Pellet-Stückholz-Kombinationen, die sich durch ein paar Handgriffe auf die Verfeuerung von Holzscheiten umstellen lassen, was wirtschaftlich interessant sein kann. Wer auf das gemütliche Flackern eines Holzfeuers nicht verzichten möchte, aber gleichzeitig verhindern will, dass 80 % der gespeicherten Sonnenenergie durch den offenen Kamin abziehen, sollte sich für Pellet-Kaminöfen erwärmen. Wenn sie in Kesselausführung an das Heizsystem angeschlossen werden, geben sie nur 20 bis 40 % der Energie an den Aufstellraum ab; der Rest fließt über einen Wärmetauscher in die Heizkörper der anderen Räume.

Die **Anschaffungskosten** für einen Pelletkessel liegen je nach Grad der Automation von Reinigung und Bedienung sowie inklusive Beschickungssystem zwischen 6.000 und 10.000 € (11.735 – 19.558 DM). Pelletkessel werden vom Bundesamt für Wirtschaft in Eschborn und einigen Bundesländern gefördert (→ Adressen).

Öfen und Kamine: Immer noch beliebt

Obwohl mittlerweile fast alle Häuser Zentralheizungen haben, sind Kamine sowie Kamin- und Kachelöfen nach wie vor sehr beliebt. Grundsätzlich dürfen sie nur mit naturbelassenem und lufttrockenem Holz befeuert werden, da eine Drosselung zu erhöhtem Schadstoffausstoß führt. Die Verbrennung von luftgetrocknetem Holz ist umso besser, je höher die Flammentemperatur ist. Deshalb sollten Holzöfen möglichst nur mit voller Leistung betrieben werden. Oft werden jedoch in gut gedämmte Häuser viel zu große Öfen eingebaut, die es rasch zu heiß werden lassen. Solche Öfen können dann nur an sehr frostigen Tagen zufriedenstellend genutzt werden, nicht aber in der Übergangszeit.

In der Regel holen Holzöfen die Verbrennungsluft aus dem sie umgebenden Wohnraum, was in gut abgedichteten Häusern ein Problem sein kann, insbesondere in Niedrigenergie- und Passivhäusern mit Lüftungsanlagen. Mittlerweile gibt es aber auch Öfen, die keine Raumluft brauchen, sondern sich die Verbrennungsluft von draußen holen.

Kamin- und Kachelöfen mit Wasser-Wärmetauschern werden an die Hausheizung angeschlossen. Probleme kann es geben, wenn die Wassertaschen rund um das Feuer sitzen und damit die Flamme zu stark abkühlen. Günstiger ist es, wenn die Wärme erst dem Abgas entzogen wird. Solche Öfen sollten wie Holzkessel an einen Pufferspeicher angeschlossen werden, damit sie mit Voll-Last betrieben werden können. Optimal ist die Kombination mit Solarkollektoranlagen, die im Sommer für Warmwasser sorgen. In diesem Fall kann auf ein fossiles Heizsystem evtl. verzichtet werden.

Eine (monovalente) Holz-Heizung macht allerdings Arbeit: Es werden immerhin rund fünf Raummeter Holz gebraucht, um etwa 1.000 Liter Heizöl oder 10.000 kWh Erdgas zu ersetzen. Dies sollte genügen, um ein

Niedrigenergie-Einfamilienhaus zu beheizen.

TIPP: Bei monovalent an das Heizsystem angeschlossenen Öfen sollte möglichst viel Verbrennungswärme an den **Heizwasserkreislauf** abgeführt werden, damit einerseits auch weiter entfernte Räume noch genug Wärme abbekommen, und andererseits der Raum nicht überhitzt wird, in dem der Ofen steht.

Offene Kamine sind mit Wirkungsgraden von etwa 10 % keine ernst zu nehmenden Heizsysteme. Sie dürfen nach Bundesimmissionsschutzverordnung auch nur „gelegentlich" befeuert werden, um die Nachbarschaft nicht zu sehr zu belästigen. Besser ist

es, offene Kamine zum **Preis** von etwa 1.500 € inklusive Montage durch einen Heizeinsatz mit Glasscheibe in geschlossene Kamine umzubauen. **Geschlossene Kamine** können Wirkungsgrade von ca. 60 % erreichen.

Nachtspeicheröfen: Schwerwiegende Nachteile

Speicherheizgeräte haben einen gut wärmegedämmten Kern, der nachts während der Schwachlastzeit elektrisch aufgeheizt wird. Die Wärmeabgabe erfolgt teils statisch, also ungeregelt über die Oberfläche, und teils über ein Gebläse, das die Raumluft durch Luftschächte innerhalb des heißen Speicherkerns leitet. Der Anschluss muss vom Energieversorgungsunternehmen genehmigt werden. Der gelieferte Tag- und Nachtstrom wird durch einen speziellen Zähler separat erfasst. Die notwendige Geräteleistung beträgt bei neueren Gebäuden etwa 180 Watt pro m^2. Die Geräte sind sehr schwer, so dass vor allem bei Holzbalkendecken statisch geprüft werden muss.

TIPP: Bis 1977 konnten Nachtspeicheröfen **Asbest** enthalten, während neuere Geräte asbestfrei sind. Wer noch einen Oldie hat, sollte die genauen Typenbezeichnungen notieren und sich bei der Verbraucherberatung erkundigen, ob Asbestgefahr besteht und damit die eigene Gesundheit aufs Spiel gesetzt wird.

Nachtspeichergeräte brauchen weder Schornstein noch Heizungsanlage und die Wartungskosten sind gering. Aber sie haben auch schwerwiegende Nachteile: Nachtstrom ist zwar preisgünstiger als Tagstrom, aber im Vergleich zu anderen Energieträgern immer noch relativ teuer. Trotz elektronischer Speicherregelung ist es vor allem in der Übergangszeit schwierig, in der Nacht die Aufladung für die Temperaturen des folgenden Tages präzise zu steuern: Ist sie zu hoch, wird zuviel Wärme abgegeben; ist sie zu niedrig, muss mit teurem Tagstrom nachgeheizt werden.

Störend ist auch der Geräuschpegel des Gebläseventilators sowie die hohe Luftumwälzung mit entsprechender Feinstaubaufwirbelung. Für Hausstauballergiker sind *Nachtspeicheröfen* daher kaum zu empfehlen. Und nicht zu vergessen: Der gelieferte → Strom hat einen verlustreichen Weg hinter sich, bis er den häuslichen Speicher erreicht!

Direktheizgeräte: Maßlose Stromfresser

Wärme aus der Steckdose ist die denkbar schlechteste Lösung und sollte nur in seltenen Ausnahmefällen als kurzfristige Alternative in Frage kommen. Denn abgesehen von immensen Verbrauchskosten durch den hohen Tagstromtarif besteht hier vor allem in Altbauten auch noch die Gefahr, dass Kabel überlastet werden und sogar Brände entstehen können. Außerdem ist die Ökobilanz denkbar negativ. Lassen Sie sich nicht von Werbesprüchen blenden! Denken Sie vielmehr daran, dass schon ein einfacher „Ölradiator" mit 2 Kilowatt Anschlussleistung prinzipiell die gleiche Wärme erzeugt wie ein völlig überteuertes Direktheizgerät, das mit aufgesetzten Kacheln verschnörkelt daherkommt und einen besonders hohen Strahlungswärmeanteil verspricht.

Neuentwicklungen: Private Kraft-Wärme-Kopplung

Mit der Brennwerttechnik ist die direkte Umwandlung von Brennstoffenergie in Heizwärme energetisch ausgereizt. Wenn die Heizung jedoch erst in der zweiten Hälfte dieses Jahrzehnts erneuert werden muss, kann der Einsatz eines **„Mini-Blockheizkraftwerks"** interessant sein, das bis dahin vermutlich marktreif sein wird. Wie bereits ausgeführt, liegt der Nutzen der Kraft-Wärme-Kopplung darin, dass hier Strom quasi „nebenbei" entsteht, der sonst mit hohen Wärmeverlusten in Kraftwerken produziert werden müsste.

Eine technische Möglichkeit, gleichzeitig Strom und Wärme zu produzieren, stellt die **Brennstoffzelle** dar. Umfangreiche Feldtests sind bereits angelaufen und sollen beweisen, dass Brennstoffzellen für den privaten Haushalt mit Erdgasanschluss geeignet sind. Ein weiterer Vorteil dieser Technologie liegt darin, dass sie den umweltfreundlichen Energieträger Wasserstoff direkt nutzen kann. Wasserstoff kann aus Wind- und Sonnenenergie gewonnen werden, verbrennt extrem emissionsarm und wird daher in Zukunft eine bedeutende Rolle spielen.

Eine weitere Technologie nutzt den so genannten **Stirlingmotor** für die Kraft-Wärme-Kopplung: Die zum Antrieb des Motors erforderliche Wärmequelle besteht z. B. aus einem Brennwertkessel. Im kleinen Leistungsbereich ist die Markteinführung als wandhängende Geräteeinheit vorgesehen.

Nicht unerwähnt bleiben sollten die vielen verschiedenen Varianten der **Gaswärmepumpe**, die durch Nutzung von Umweltwärme wesentlich bessere primärenergetische Nutzungsgrade erreichen werden als Brennwertkessel. Vor allem die großen Heizkesselhersteller treiben hier die Entwicklung voran. Erste Geräte sind bereits verkauft.

Es tut sich also eine Menge am Markt der Heizungstechnik! Die Energieberater Ihrer Verbraucherzentrale sind immer auf Ballhöhe und informieren Sie gerne auch über die neuesten Entwicklungen (→ Adressen).

3.3 Was muss der Kessel leisten?

Um herauszufinden, welche Leistung Ihr neues Heizgerät bringen muss, müssen Sie den Wärmebedarf Ihres Hauses kennen, der vom Gebäudealter und der Wohnfläche abhängt.

Bitte prüfen Sie anhand → Tabelle 5, wo Ihr Gebäude einzuordnen ist. Die Zahlen können nur Anhaltswerte sein; bei der Umsetzung ist eine Berechnung durch den Heizungsfachmann notwendig.

Noch ein Hinweis: Altanlagen sind meist überdimensioniert!

Im Gegensatz zu Altanlagen wirkt sich bei neuen Heizkesseln eine gewisse Überdimensionierung kaum aus. Anders bei Wärmepumpen: Hier steigen die Kosten mit zunehmender Heizleistung ganz erheblich an. Eine gewisse Überdimensionierung sollte deshalb allenfalls zur Überbrückung von Stromunterbrechungen vorgesehen werden. Der Warmwasserspeicher sollte mindestens für einen Tagesbedarf reichen.

TIPP: In neueren Einfamilienhäusern liegt der Leistungswärmebedarf für die Beheizung häufig unter 10 kW. Wird das Brauchwasser ebenfalls zentral durch den Heizkessel erwärmt, ist eine **Kesselleistung** von mindestens 18 kW ratsam, wenn z. B. aus Platz- oder Kostengründen ein sehr kleiner Warmwasserspeicher gewählt wird.

Tabelle 5: Leistungswärmebedarf in Watt pro m² Wohnfläche

Haustyp	vor 1978[1]	1978-1983[1]	1984-1994	ab 1995	NEH[2]
Einfamilienhaus	130	115	90	70	unter 45
Reihenhaus	110	100	80	55	unter 45
Mehrfamilienhaus	100	90	70	55	unter 45

[1] *Isolierverglasung vorausgesetzt!*

[2] Niedrigenergiehaus

Lesebeispiel: Nehmen wir an, Sie leben in einem Reihenmittelhaus aus dem Baujahr 1975 mit 142 m² Wohnfläche. Die ursprünglichen Fenster sind mittlerweile durch isolierverglaste ersetzt worden. Der überschlägige Wärmebedarf des Gebäudes beträgt demnach ca. 110 W/m² multipliziert mit 142 m² – also 15.620 Watt bzw. knapp 16 kW. Wie der Tabelle zu entnehmen ist, liegt der Wärmebedarf älterer Gebäude zwei- bis dreifach über dem von Neubauten. Wird dazu noch mit einer veralteten Anlage geheizt, wird's echt teuer!

3.4 Heizsysteme im Leistungsvergleich

Der Jahresnutzungsgrad bezeichnet das Verhältnis von eingesetztem Brennstoff zur Nutzwärme, einschließlich der Abgas- und Stillstandsverluste, jedoch ohne Regelungs- und Rohrnetzverluste. Bei der Primärenergieausnutzung werden auch die Verluste berücksichtigt, die bei der Gewinnung, Aufbereitung und dem Transports der Energieträger entstehen.

Tabelle 6: Jahresnutzungsgrad verschiedener Systeme

Heizsystem	Baujahr	Nutzungsgrad in % (Brennwert)	Primärenergie-Ausnutzung in %
Heizöl-Kessel [1]	1975 und älter	71	62
Atmosph. Gaskessel [1]	1975 und älter	63	53
Öl-Niedertemperaturkessel	neu	87	75
Atmosphär. Gaskessel, NT	neu	82	70
Ölbrennwertkessel		94	82
Gasbrennwertkessel		94	80
Elektro-Nachtspeicherofen		98	33
Holzvergaser-/Pelletkessel		70 - 80	68 - 78
Feststoffkessel (Holz)		45 - 70	45 - 68
Kachelofen [1]		35 - 60	35 - 59
Offener Kamin		10 - 25	10 - 25
Brennstoffzelle (Erdgas) [2]		75	119 [3]
Gaswärmepumpe [2]		125	106

[1] Durchschnittswerte abgeleitet nach VDI 2067

[2] nach Herstellerangaben geschätzt, sonst Stand der Technik

[3] inkl. Gutschrift für vermiedene Kraftwerksverluste

NT = Niedrigtemperatur

4. Sonnenenergie

80-mal mehr als wir brauchen!

Die Sonne ist (mit Ausnahme der Geothermie) die einzige Energiequelle, die dauerhaft verfügbar ist und fast ohne Schadstoffe genutzt werden kann. Eine halbe Stunde Sonnenenergie könnte die Menschheit ein ganzes Jahr lang versorgen. In sechs Monaten schickt die Sonne mehr Energie auf unsere Erde, als in allen Energiereserven gespeichert ist (Kohle, Erdöl, Erdgas und Uran).

Kein Zweifel: Die Sonne ist *die* Energiequelle der Zukunft! Und die Zukunft hat schon begonnen: Im Jahr 2000 wurden bundesweit rund 40 % mehr Solaranlagen installiert als noch 1999!

Nach Deutschland liefert die Sonne etwa 80-mal so viel Energie wie wir brauchen. Während Süddeutschland pro Jahr mit etwa 1.100 kWh je m^2 Bodenfläche beglückt wird – halb so viel wie die Sahara verkraften muss – sind es in Norddeutschland „nur“ 900 bis 1.000 kWh. Doch das entspricht immer noch dem Energieinhalt von 100 Litern Heizöl bzw. 100 m^3 Erdgas! Allerdings ist die Sonne in deutschen Landen bekanntlich nicht das ganze Jahr über gleich gut in Form. Deshalb muss ein gewisser technischer Aufwand betrieben werden, um ein Haus fit für die Sonnenenergie zu machen; dazu gehört im Vorfeld vor allem die Minimierung des Energieverbrauchs.

Zunächst ist zwischen elektrischer und thermischer Nutzung der Sonnenenergie zu unterscheiden:

- Auf die **elektrische Nutzung** durch Fotovoltaikanlagen können wir im folgenden nicht näher eingehen. Hier nur so viel: Im Erneuerbare-Energien-Gesetz (EEG) wurde festgelegt, dass Strom aus Fotovoltaikanlagen mit bis zu 50,6 Cent (99 Pfennig) pro kWh vergütet werden muss. Seither boomt das Geschäft und Hauseigentümer sind gut beraten, auf der Südseite ihres Hauses vorsorglich eine möglichst große Dachfläche für eine Fotovoltaikanlage freizuhalten. Bei der Energieberatung Ihrer Verbraucherzentrale (→ Adressen) erfahren Sie mehr darüber.
- Für die **thermische Nutzung** genügt im Einfamilienhaus bereits eine Fläche von 3 bis 15 m². Seit Bund, Länder und Gemeinden erhebliche Fördermittel zur Verfügung stellen, gibt es hohe Wachstumsraten. Begünstigt wurde dieser Boom nicht zuletzt durch die stark verbesserte Wärmedämmung bei neuen Gebäuden; denn das ist eine Voraussetzung, wenn Sonnenenergie in nennenswerten Mengen zur Versorgung eines Hauses beitragen soll.

Der günstigste Zeitpunkt zum Einbau einer thermischen Solaranlage ist die Sanierung oder der Austausch einer Heizungsanlage, weil dann – zumindest bei zentraler Warmwasserberei-

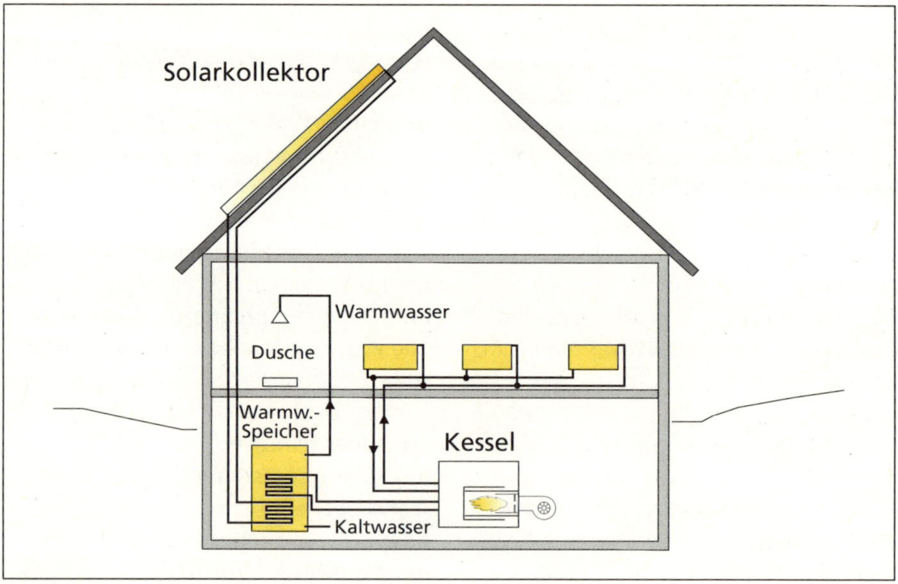

Brauchwasser-Solaranlage

tung – ohnehin ein neuer Warmwasserspeicher fällig wird. Bei denkmalgeschützten Gebäuden gibt's unter Umständen Auflagen. Es ist dringend zu empfehlen, sich genau zu informieren und nur erfahrene Fachleute mit der Planung und Durchführung zu betrauen.

4.1 Wasser aus dem heißen Glasdach

Die Umwandlung von Sonnenenergie in nutzbare Wärme geschieht durch Sonnenkollektoren, die in der Regel von einem Gemisch aus Wasser und Frostschutzmittel durchflossen werden. Die so auf dem Dach gesammelte Wärme wird über einen Wärmetauscher an einen Speicher abgegeben. Die höchste Leistung wird natürlich bei direkter Sonnenstrahlung erzielt; aber auch aus diffuser Strahlung bei bedecktem Himmel können Solaranlagen durchaus noch nutzbare Wärme erzeugen.

Optimal geeignet sind Dachflächen mit Neigungen bis 60 Grad und Ausrichtungen nach Südost bis Südwest. Bei östlicher oder westlicher Lage vermindert sich der Ertrag um etwa 30 %. In diesem Fall kann die Empfangsfläche zwar um 30 % vergrößert werden, was aber teurer ist. Auch Flachdächer und Hausfassaden sind brauchbar, wenn ein Gestell installiert wird, um die Kollektoren optimal auszurichten. Für einen 4-Personenhaushalt werden etwa 4 bis 6 m^2 Kollektorfläche benötigt, um je nach Betriebsbedingungen bis zu 65 % des jährlichen Wärmebedarfs für Warmwasser zu decken. Um Schlechtwettertage zu überbrücken, ist ein großer Warmwasserspeicher (300 bis 400 Liter) erforderlich.

Grafik 2: Anteil der Sonnenenergie für die Warmwasserbereitung

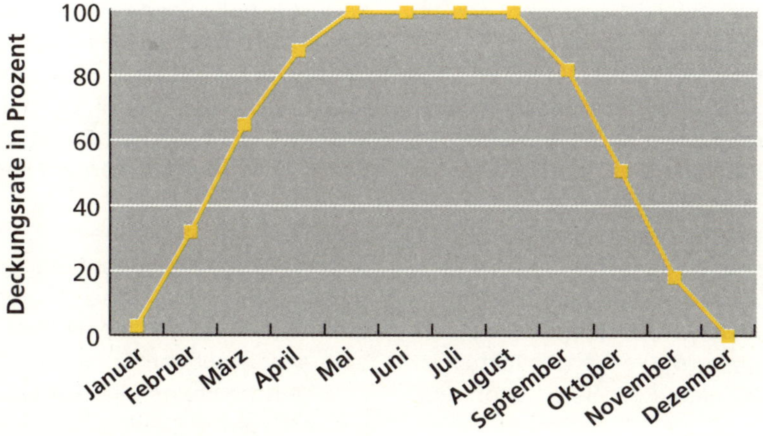

Wie die Grafik 2 zeigt, kann der Heizkessel in den Sommermonaten komplett abgeschaltet werden, weil die Solaranlage die Warmwasserbereitung allein schafft. Dies gilt selbst in verregneten Sommern mit ihren wenigen sonnigen „Lichtblicken". In der Zeit zwischen den Jahren bringt die Anlage dagegen praktisch nichts oder bestenfalls eine Vorwärmung des kalten Trinkwassers von 10 auf vielleicht 15 °C. Aber in dieser Zeit läuft der Heizkessel ohnehin auf Hochtouren und kann deshalb nebenbei mit hohem Wirkungsgrad auch noch fürs warme Wasser sorgen.

Pro m² Kollektorfläche lässt sich – je nach Bauart – übers Jahr immerhin eine Wärmemenge im Gegenwert von 350 bis 500 kWh bzw. 30 bis 50 Litern Heizöl sammeln. Thermische Solaranlagen zur Brauchwasserbereitung sind inzwischen technisch ausgereift, wie u. a. die Stiftung Warentest mehrfach feststellte. Ihre Lebensdauer liegt bei mindestens 20 Jahren.

Zu unterscheiden ist zwischen Vakuumröhren- und Flachkollektoren: **Flachkollektoren** sind sozusagen Standard und günstig im Preis-Leistungs-Verhältnis. **Vakuumröhrenkollektoren** (evakuierte Glasröhren) kosten etwa das Doppelte, bringen jedoch auch meist eine um 30 bis 50 % höhere Ausbeute pro m² Fläche. Dieser Mehrertrag lässt sich allerdings billiger durch eine größere Flachkollektorfläche erzielen. Röhrenkollektoren lohnen sich deshalb nur bei einer knappen Dachfläche und zur Heizungsunterstützung in Niedrigenergiehäusern.

4.2 Pack' die Sonne in den Tank!

Während es fürs Brauchwasser das ganze Jahr über einen ziemlich konstanten Wärmebedarf gibt, klaffen Wärmebedarf und Solarangebot bei der Heizung weit auseinander: Der Wärmebedarf ist ausgerechnet dann am höchsten, wenn das Sonnenangebot am niedrigsten ist – und umgekehrt! Deshalb ist Heizen mit Sonnenenergie sehr aufwändig und in schlecht gedämmten Altbauten kaum zu empfehlen; vorhandenes Geld sollte hier eher zur Verbesserung des Wärmeschutzes eingesetzt werden.

Bei Niedrigenergiehäusern lassen sich dagegen mit etwa 10 bis 15 m² Kollektorfläche etwa ein Drittel des noch verbleibenden Heizwärmebedarfs durch die Sonne abdecken, in Passivhäusern sogar noch mehr. Allerdings geht's meist nicht ohne eine zusätzliche Heizquelle (z. B. durch Lüftung mit Wärmerückgewinnung, Holzpelletofen oder Wärmepumpe).

Zur Überbrückung von Tagesschwankungen werden in solar-unterstützten Heizungsanlagen Speicher (Pufferspeicher) mit etwa 700 bis 1.000 Litern Volumen eingebaut. Grundsätzlich wird zwischen folgenden Pufferspeichern unterschieden:

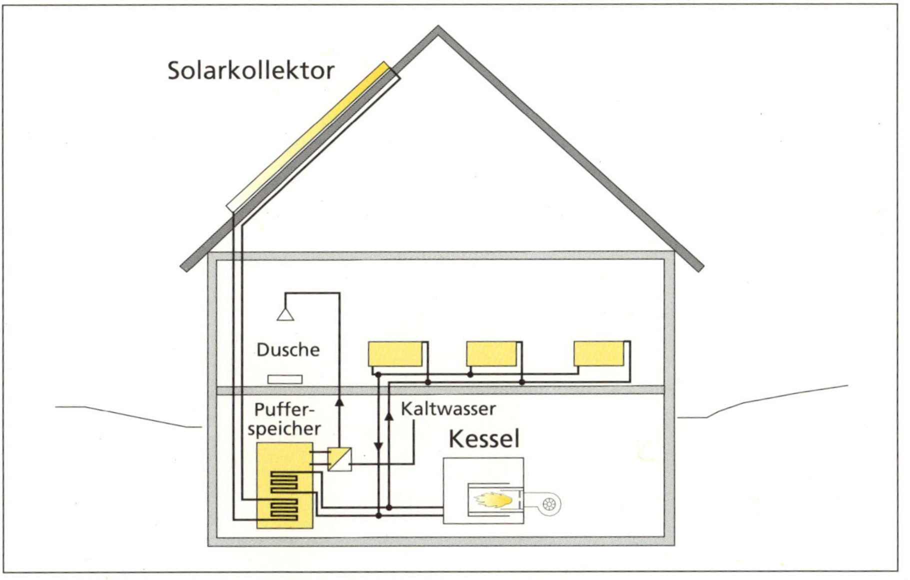

Solaranlage mit Raumwärmeunterstützung und Durchlauferhitzer

- **Doppelspeicher**: In den Heizungsspeicher ist ein kleiner Trinkwasserspeicher für die Warmwasserbereitung eingebaut, der sich an der wärmsten Stelle des Pufferspeichers befindet und immer von heißem Heizungswasser umgeben ist. Diese Lösung ist preisgünstig, bringt jedoch die Gefahr, dass sich im Warmwasserspeicher → Legionellen vermehren können.
- **Pufferspeicher für Warmwasser mit Durchlauferhitzer**: Hier wird lediglich („totes") Heizungswasser warm gehalten. Wenn der Duschwasserhahn geöffnet wird, fördert eine Pumpe heißes Heizungswasser über einen Wärmetauscher und erhitzt dabei das Duschwasser. Das warme Wasser wird also bei Bedarf stets frisch zubereitet und taugt (nach dem Nacherhitzen) sogar zum Kaffee kochen. Das Legionellen-Problem (→ Exkurs) entfällt. Speicher mit Wärmetauschern sind allerdings etwas teurer.
- **Pufferspeicher für Warmwasser und Schichtenlader mit Durchlauferhitzer:** In stehenden Warmwasserspeichern ist das Wasser oben stets wärmer als unten. Verstärkt wird dieser Effekt dadurch, dass warmes Wasser oben entnommen und unten das abgekühlte Rücklaufwasser und das kalte Leitungswasser eingeleitet wird. Bei einfacheren Speichern wird das sonnengewärmte Wasser grundsätzlich in den unteren Speicherteil eingebracht und ver-

mischt sich dort sofort mit dem kälteren Wasser, so dass es länger dauert, bis oben warmes Wasser mit brauchbarer Temperatur zur Verfügung steht. Anders bei Schichtenladespeichern: Hier wird die Wärme durch ein seitlich gelöchertes Rohr an die jeweils richtige Stelle geführt. Scheint die Sonne sehr kräftig und produziert der Kollektor beispielsweise Wassertemperaturen von 60 °C, steht dieses Wasser sofort zur Verfügung; schafft die Sonne dagegen nur 30 °C warmes Wasser, erfolgt die Einspeicherung weiter unten. Durch Schichtenlader steigt der Wirkungsgrad von Solaranlagen um etwa 10 bis 15 %. Der höhere technische Aufwand hat allerdings seinen Preis.

Leider ist es mit den beschriebenen Pufferspeichern im häuslichen Umfeld nicht möglich, überschüssige Sonnenwärme mit vertretbarem Aufwand vom Sommer in den Winter zu retten. Anders bei der Versorgung ganzer Siedlungen: Hier lassen sich mit Erfolg riesige Wasserspeicher mit einem Volumen von mehreren 1000 m^3 einsetzen, die allerdings mit einer sehr dikken, ca. 50 cm starken Wärmedämmung ausgestattet sein müssen.

Exkurs: Seit einigen Jahren sorgen **Legionellen** im Trinkwasser immer wieder für Schlagzeilen. Diese weit verbreiteten Keime sind in geringer Konzentration unproblematisch. Ab 60 °C werden sie abgetötet, während sie sich bei Temperaturen um 40 °C stark vermehren können. Werden sie dann z. B. beim Duschen mit winzig kleinen Wassertröpfchen eingeatmet, können sie in die Lunge eindringen und die Legionellenkrankheit auslösen, die zum Tod führen kann. Besonders gefährdet sind Personen mit geschwächtem Immunsystem, also auch ältere Menschen oder Kleinkinder.

Im Ein- und Zweifamilienhaus ist eine Gesundheitsgefährdung nicht zu erwarten, da die Temperaturen aufgrund der Schichtung im oberen Bereich des Warmwasserspeichers in der Regel oberhalb von 50 °C liegen und das Wasser üblicherweise alle ein bis zwei Tage erneuert wird. Gefahren durch Legionellen drohen eher bei großen Leitungssystemen wie in Hotels oder Krankenhäusern. Warmwasserspeicher mit mehr als 400 l Volumen müssen deshalb einmal am Tag auf mindestens 60 °C hochgeheizt werden, was in modernen Heizungsregelungen automatisch geschieht.

5. Wärmepumpen

Nur für gut gedämmte Häuser

Im Grundwasser, Erdreich oder in der Luft ist jede Menge Wärme enthalten, allerdings auf einem zu niedrigen Temperaturniveau. Wärmepumpen machen diese Wärme für Heizzwecke nutzbar: Sie entziehen dem Medium Wasser, Erdreich oder Luft die Wärme und geben sie mit erhöhter Temperatur an einen Heizkreis ab. Auch Abwärme aus der Industrie oder aus Viehställen kann so genutzt werden.

Wärmepumpen funktionieren entsprechend dem Kühlschrank, der die Wärme aus seinem Gehäuse und/oder den Lebensmitteln über die Rückseite an den Raum abgibt. Bei der Wärmepumpe wird dagegen der Umgebung Wärme entzogen und dem Heizwasser zugeführt. Beim Anheben auf ein höheres Temperaturniveau wird allerdings hochwertige Energie (Strom oder Gas) gebraucht.

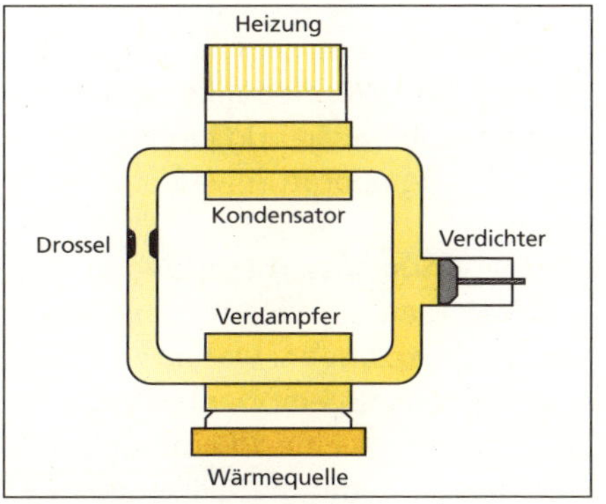

Prinzip Wärmepumpe

Gasbetriebene Pumpen spielen derzeit im privaten Wohnungsbau kaum eine Rolle, da sie noch zu unausgereift und zu teuer sind. Inzwischen zeichnet sich jedoch die Entwicklung solch kleinerer Einheiten ab und erste Anlagen sind bereits auf dem Markt. Sie versprechen eine Primärenergieeinsparung von 30 bis 50 % gegenüber Brennwertkesseln und könnten damit eine große Zukunft haben.

Elektrische Wärmepumpen wurden in den letzten Jahren stark verbessert und können in gut wärmegedämmten Gebäuden eine Alternative zur fossilen Heizung sein. Wichtig ist zu wissen, dass eine Wärmepumpe umso mehr Strom braucht, je größer der Temperaturunterschied zwischen Wärmequelle und Heizungswasser ist. Voraussetzung für eine ökologisch und ökonomisch vernünftige Wärmepumpenheizung ist damit zum einen,

- dass eine Flächenheizung (Fußboden- oder Wandheizung) vorhanden ist, die sich auch an kalten Wintertagen mit niedrigen Vorlauftemperaturen von ca. 35 bis 40 °C begnügt, und zum andern
- dass eine Wärmequelle gewählt wird, die ganzjährig ein möglichst hohes Temperaturniveau bietet.

Für die Warmwasserbereitung muss die Wärmepumpe relativ hohe Temperaturen erzeugen, was ihre Effektivität mindert. Es empfiehlt sich deshalb, zusätzlich eine Solaranlage zu installieren, damit die Wärmepumpe nur im Winter die höheren Temperaturen schaffen muss.

5.1 Wärmequellen: Wasser, Erde, Luft

Als Wärmequelle kommen das Grundwasser, das Erdreich und die Luft in Frage:

Grundwasser: In 10 bis 15 m Tiefe beträgt die Temperatur nahezu kostant etwa 10 °C (Erdwärme). Zur Nutzung sind ein Saug- und ein Schluckbrunnen erforderlich. Grundsätzlich ist eine Genehmigung der zuständigen Wasserbehörde notwendig. In der Planungsphase muss die Grundwassertiefe, die Ergiebigkeit und die Eignung (z. B. Eisengehalt) des Grundwassers untersucht werden.

In den oberen Bodenschichten ist Sonnenenergie gespeichert. Ab etwa 100 Meter Tiefe überwiegt allmählich die **Geothermie**, die aus dem Erdinnern kommt. Die Erdwärme kann durch Kollektoren oder Sonden genutzt werden, wobei sich ein feuchter Boden günstig auswirkt:

Bei den **Erdkollektoren** handelt es sich um Kunststoffrohre, die knapp unter der Frostgrenze in 0,80 bis 1,50 m Tiefe horizontal verlegt werden. Durch die Rohre fließt eine Flüssigkeit (Sole), die mit der Wärmepumpe unter die Erdreichtemperatur abgekühlt wird, damit sie Wärme aus der Umgebung aufnehmen kann. Die Fläche, die im Garten mit Kunststoffrohren belegt wird, muss etwa so groß sein wie die zu beheizende Wohnfläche (unter der Voraussetzung, dass das Haus über einen guten Wärmeschutz verfügt).

Bei kleinen Grundstücken können auch **Erdsonden** vertikal in den Boden eingebracht werden, durch die ebenfalls eine Sole fließt. Zur Beheizung eines gut gedämmten Einfamilienhauses sind ein oder zwei Bohrungen mit jeweils 50 bis 100 m Tiefe erforderlich.

Außenluft: Sie hat ausgerechnet dann die niedrigsten Temperaturen, wenn der Wärmebedarf am höchsten ist. Früher arbeiteten Luftwärmepumpen deshalb nur bis zu Außentemperaturen von mehr als +3 °C; wurde es kälter, schaltete sich ein konventioneller Kessel ein (**bivalente** Betriebsweise). Die Montage von zwei Wärmeerzeugern ist jedoch sehr aufwändig. Inzwischen gibt es **monovalente** Luft-Wärmepumpen. Sie haben für extreme Außentemperaturen einen Elektroheizstab, dessen Einsatz die Energiebilanz allerdings ganz massiv verschlechtern kann! Deshalb ist ein Holzofen das bessere Hilfsmittel für kalte Tage.

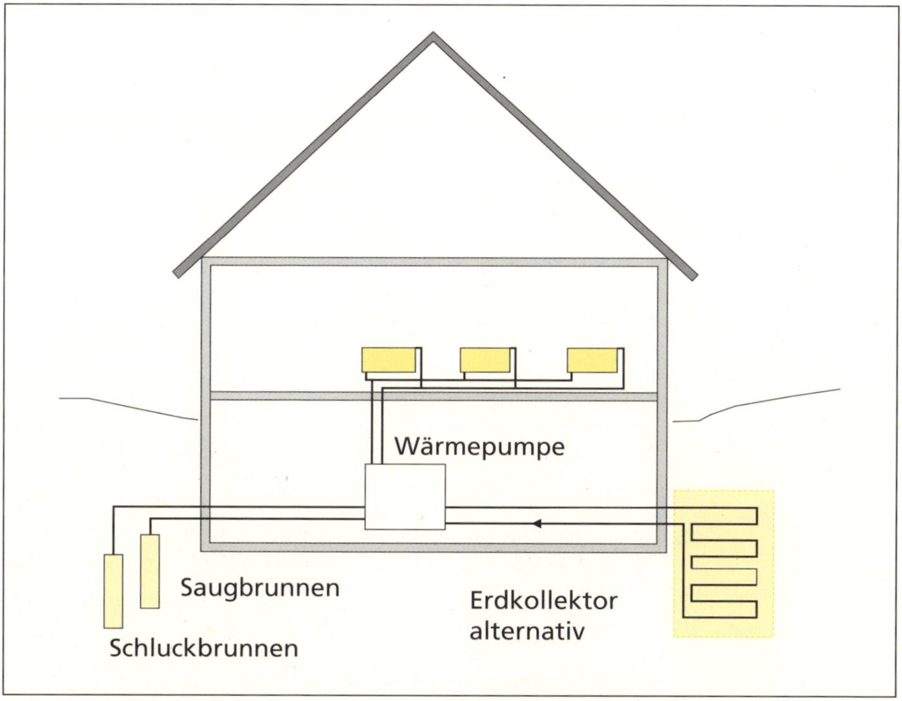

System Wärmepumpe mit Erdreichkollektor oder Grundwasserbrunnen

Abluft: In neuen Häusern und besonders in Niedrigenergiehäusern werden zunehmend Lüftungsanlagen mit Wärmerückgewinnung eingebaut. Oft wird eine kleine Wärmepumpe verwendet, um aus der Abluft die Wärme herauszuholen und dem Heizsystem oder der Warmwasserbereitung zuzuführen. Diese Technik ist interessant zur Beheizung von Passivhäusern, wenn auf einen Gasanschluss verzichtet wird. Wenn die Wärme aus der Abluft nicht ausreicht, wird oft zusätzlich noch ein Erdkollektor installiert.

Gute Wärmepumpenanlagen produzieren aus einer Kilowattstunde Strom bis zu 4,5 kWh Nutzwärme, schlechte kommen mitunter noch nicht mal auf 2,5 bis 3 kWh. Das Verhältnis aus jährlich produzierter Nutzwärme zu eingesetzter Strommenge wird (Jahres-)Arbeitszahl genannt. Öffentliche Fördermittel für Wärmepumpen gibt es in der Regel erst, wenn die Jahresarbeitszahlen deutlich über 3 liegen. Näheres erfahren Sie bei der Energieberatung Ihrer Verbraucherzentrale (→ Adressen). Fördermittel gibt es möglicherweise auch bei Ihrem Elektrizitätsversorger.

Wärmepumpenstrom wird von den Elektrizitätswerken für 6 bis 10 Cent (11,8 bis 19,6 Pfennig) pro kWh angeboten; bei der Arbeitszahl von 4 kostet die Wärme somit 1,5 bis 2,5 Cent (2,9 bis 4,9 Pfennig) pro kWh – ohne Kapital- und Reparaturkosten. Etwas teurer wird's mit Ökostrom, der zu 100 % aus erneuerbaren Quellen stammt: Er wird für etwa 16 Cent (31,3 Pfennig) pro kWh geliefert, so dass die Kosten für die Wärme bei 4 Cent (7,8 Pfennig) pro kWh liegen. Zum Vergleich: Auch Erdgas wird derzeit für etwa 4 Cent (7,8 Pfennig) pro kWh angeboten.

5.2 Heizsysteme im Preisvergleich

Wärme aus Wärmepumpen ist also deutlich billiger als aus einer fossilen Heizung – sofern konventioneller Strom eingesetzt und eine gute Arbeitszahl erreicht wird. Die Investitionskosten sind allerdings deutlich höher (Tabelle 7). Trotzdem sind Wärmepumpen wirtschaftlich interessant, wenn sich das Strompreisniveau stabilisiert, während die Preise für Öl und Gas ansteigen, was zumindest längerfristig zu erwarten ist.

Anders als bei Heizkesseln steigen die Investitionskosten bei Wärmepumpenanlagen mit der Heizleistung deutlich an. Deshalb sollte die Anlage möglichst klein bemessen und der Wärmeschutz des Gebäudes minimiert werden. Wenden Sie sich an die Energieberatung Ihrer Verbraucherzentrale, wenn Sie mehr über Wärmepumpen wissen möchten.

Tabelle 7: Investitionskosten bei verschiedenen Heizsystemen

Anlagentyp	Preise in €	Preise in DM
Solaranlage für Warmwasser	4.000 - 7.000	7.823 - 13.691
Heizöl-Niedertemperaturkessel oder Erdgas-Brennwertkessel mit Warmwasserspeicher	5.000 - 6.000	9.779 - 11.735
Heizöl-Brennwertkessel mit Warmwasserspeicher	7.000 - 8.500	13.691 - 16.625
Solaranlage für Warmwasser und Erdgas-Brennwertkessel oder Heizöl-Niedertemperaturkessel	9.000 - 12.000	17.602 - 23.470
Solaranlage für Warmwasser und Heizungsunterstützung und Öl- oder Erdgaskessel	13.000 - 15.000	25.426 - 29.337
Holzpelletkessel inkl. Beschickungsvorrichtung mit Warmwasserspeicher	7.000 - 13.000	13.691 - 25.426
Wärmepumpe mit Erdkollektor und Warmwasserspeicher	12.000 - 15.000	23.470 - 29.337
Solaranlage für Warmwasser und Wärmepumpe mit Erdkollektor	15.000 - 20.000	29.337 - 39.117

Zur Tabelle 7: Investitionskosten verschiedener Heizsysteme für ein Einfamilienhaus mit ca. 130 qm Wohnfläche, Neubau, 4-Personen-Haushalt, Wärmebedarf nach Energieeinsparverordnung. In den Preisen sind Heizflächen und Wärmeverteilung sowie Gasanschluss bzw. Öltank ebenso wenig berücksichtigt wie eventuelle Zuschüsse: Für Solaranlagen gibt's die Ökozulage vom Bundesamt für Wirtschaft (→ Adressen) oder vom Finanzamt.
Auch für Wärmepumpen gibt's die Ökozulage vom Finanzamt und/oder Gelder von einigen Elektrizitätsversorgern.

6. Anlagenkomponenten

Ein komplexes System

Kessel und Brenner sind zwar die Herzstücke des Heizungssystems. Doch eine optimale Energieausnutzung ist vom Zusammenspiel *aller* Systemkomponenten abhängig – einschließlich Regelung, Rohrsystem, Pumpe, Schornstein oder Heizkörper.

6.1 Regelung: Elektronischer Temperaturcheck

Heizkessel, Heizkörper und Heizwassertemperatur werden bei der Planung einer Heizungsanlage auf den rechnerisch kältesten Tag im Jahr ausgerichtet (-10 bis -14 °C). Da es jedoch meist viel wärmer ist – durchschnittlich liegen unsere Wintertemperaturen immerhin bei +5 °C – muss natürlich nicht immer volle Pulle geheizt werden. Vielmehr kann die verfügbare Wärme auf unterschiedliche Weise gedrosselt werden:

Innentemperaturregelung: Im einfachsten Fall wird die Heizung über einen (meist im Wohnzimmer angebrachten) Innentemperaturfühler geregelt, der die Kesselpumpe an- und ausschaltet; bessere Systeme regeln zusätzlich die Vorlauftemperatur. Nachteil: Die Innentemperaturregelung richtet sich nach einem (Führungs-)Raum. Scheint dort die Sonne durchs Fenster, schaltet der

Regler die Heizung ab, obwohl die Räume auf der Nordseite auskühlen. Umgekehrt läuft die Heizung auf vollen Touren, wenn im Führungsraum gelüftet wird oder die Heizkörper abgedreht werden.

Dies bedeutet, dass die Heizkörperventile im Führungsraum immer geöffnet sein müssen! Und: Wenig genutzte Zimmer sind deshalb als Führungsraum nicht geeignet! Alles in allem ist von der Innenraumregelung abzuraten, weil sie meist nicht zufriedenstellend funktioniert; sie ist bestenfalls in kleinen Etagenwohnungen akzeptabel.

Außentemperaturregelung oder witterungsgeführte Regelung: Sie ist bei Neuanlagen technischer Standard. Dabei wird die Außentemperatur „gefühlt" und die Vorlauftemperatur im System reguliert. Die Zuordnung von Außentemperatur und Vorlauftemperatur erfolgt über die am Regelgerät einstellbare Heizkurve, die an das Haus angepasst werden muss.

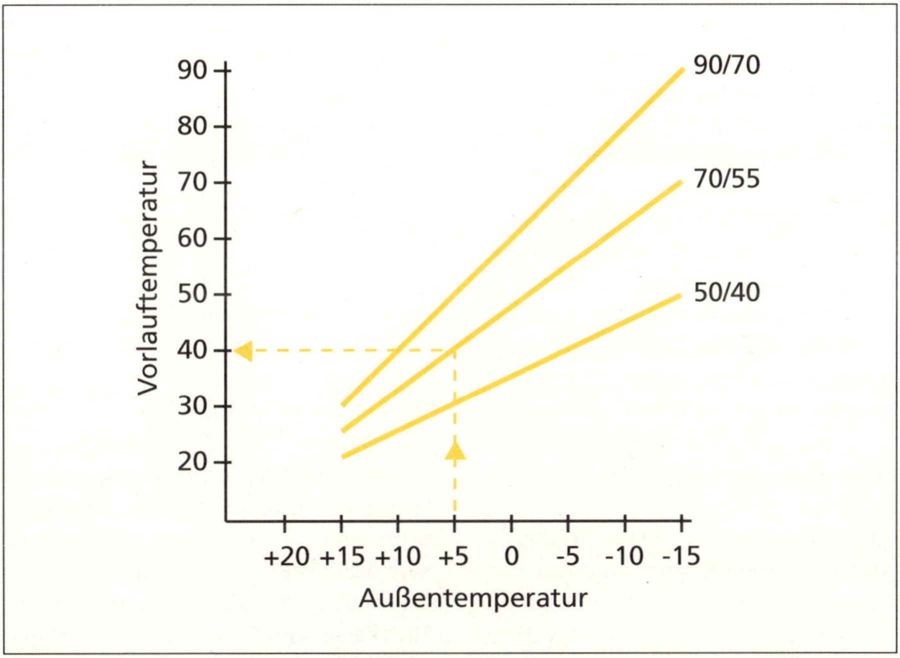

Heizkurve bei verschiedenen Auslegungstemperaturen

Lesebeispiel: Bei einer Heizflächenauslegung von 70/55 beträgt bei einer Außentemperatur von 5 °C die notwendige Vorlauftemperatur ca. 40 °C.

In gut gedämmten Gebäuden kann selbst bei -12 °C mit einer Vorlauftemperatur von 50 °C eine angenehme Innentemperatur erreicht werden, wo zugige Altbauten bereits Vorlauftemperaturen von 90 °C benötigen. Eine falsch eingestellte Heizkurve führt dazu, dass entweder Energie verschwendet wird oder die Räume nicht ausreichend warm werden. Die meisten Regelungen haben noch weitere Parameter wie Nachtabsenkung und Urlaubsregelung und sind teilweise recht kompliziert zu bedienen.

Sinnvoll ist eine Optimierungsschaltung, die in heizfreien Zeiten die Pumpe selbsttätig abstellt und intervallmäßig wieder anschaltet, um ein „Festfressen" zu verhindern. Die Tendenz geht ohnehin zum Einbinden der Pumpe in die Kesselregelung, also ein bedarfsgerechtes Herunterregeln der Pumpe zur Nacht und eine komplette Pumpenfunktionskontrolle. Eine Kombination der witterungs- und raumtemperaturgeführten Regelung (Raumtemperaturaufschaltung) bringt im Vergleich zur beschriebenen Außentemperaturregelung keine wesentliche Energieeinsparung.

TIPP: Die optimale und bedarfsgerechte Einstellung setzt eine gute Kenntnis der Regelgeräte voraus. Wir empfehlen deshalb dringend, sich gründlich einweisen zu lassen und die **Bedienungsanleitung** zu studieren. Diese Mühe macht sich bezahlt!

In kleinen Anlagen mit modernem Kessel und Heizkörpern steuert die Regelung den Brenner meist direkt an und regelt so die Kesseltemperatur, die direkt an das Heizungssystem weitergegeben wird. Wenn die Vorlauftemperaturen niedriger sein können, als sie der Kessel bereitstellt, empfiehlt sich eine Mischerregelung, bei der das Vorlaufwasser durch Rücklaufwasser heruntergeregelt wird. Das kann z. B. erforderlich sein, wenn

- ein alter Kessel bauartbedingt mit mindestens 60 °C gefahren werden muss,
- neben Heizkörpern auch eine (Niedertemperatur-)Fußbodenheizung betrieben wird,
- Heizkreise mit unterschiedlicher Nutzung angeschlossen sind, wie z. B. Wohn- und Bürogebäude. In diesem Fall können beide Heizkreise mit einer Mischerregelung versehen werden, um Nachtabsenkungen bzw. Wochenprogramme unabhängig einstellen zu können.

Viele Kesselregelungen können einen zusätzlichen Mischerkreis ansteuern. Die Regeleinheiten sind heute überwiegend modular und steckerfertig aufgebaut; Zusatzbausteine für weitere Mischerkreise bzw. für die Einbindung einer Solaranlage oder eines Holzkessels sind ohne großen Kostenaufwand erhältlich.

Weitere Neuerungen in der Regelungstechnik betreffen die Kommunikation: Klartextanzeigen ersparen das Einarbeiten in komplizierte Bedienungsanleitungen und unterstützen den Fachhandwerker bei Inbetriebnahme, Diagnose, Wartung und Reparatur. Selbiges gilt für die Möglichkeit, einen PC an das Regelgerät anzuschließen. Auch das Einschalten der Heizung übers Handy ist längst keine Zukunftsvision mehr. Ob diese Möglichkeiten tatsächlich einen Komfortgewinn sowie Energie- oder Kosteneinsparungen bringen, wird sich zeigen.

Außer der zentralen Regelung ist es natürlich wichtig (und gesetzlich vorgeschrieben!), die Temperaturen raumweise zu regeln. Dazu dienen im allgemeinen **Thermostatventile**, die die eingestellte Raumtemperatur selbsttätig konstant halten. Damit sie optimal arbeiten und bei einer Raumerwärmung durch Sonnenstrahlen rechtzeitig schließen, muss die Vorlauftemperatur über die → Außen- oder → Innentemperaturregelung angepasst werden. Falls das Ventil (z. B. in Nischen) nicht von der Raumluft „umspült" werden kann, empfehlen sich Ventilköpfe mit Fernfühler. Bei speziellen Wünschen an die Beheizung bestimmter Räume können elektronische Thermostatventile zweckmäßig sein, mit denen sich die Raumtemperatur programmieren lässt; sie sind im Fachhandel ab ca. 50 € (98 DM) erhältlich.

TIPP: Selten genutzte Räume sollten nur mit etwa 12 bis 16 °C temperiert werden. Die Verluste bei Dauerbeheizung sind in der Regel höher als die Anheizverluste. Die Türen zur Restwohnung sollten geschlossen bleiben, da sich in den **Kalträumen** sonst Kondenswasser aus der warmen Wohnung niederschlägt und Schimmelgefahr besteht.

Thermostatventile wollen richtig bedient sein: Werden sie immer voll geöffnet (Position ❺) oder ganz zugedreht, können sie die Raumtemperatur nicht regeln. Günstiger ist in aller Regel die mittlere Position ❸, weil dann die Heizwasserzufuhr bei einer Temperatur von z. B. 21 °C automatisch gedrosselt wird. Bei Anwesenheit sollte das Ventil deshalb nicht höher als auf Position ❸ gestellt werden und beim Verlassen des Raums nicht tiefer als auf Position ❶.

Fußbodenheizungen werden sinnvollerweise über eine Einzelraumregelung gesteuert: Elektronische Raumfühler, die es auch in programmierbarer Ausführung gibt, wirken über die Steuereinheit auf die Ventile, die jedem Fußbodenheizkreis vorgelagert sind. Die An- und Aussignale vom Raumfühler zur Steuereinheit können auch per Funk übertragen werden. Dies hat vor allem bei einer Nachrüstung den Vorteil, dass keine Leitungen gezogen werden müssen. Nachteilig ist, dass nach zwei bis fünf Jahren in allen Räumen die Batterien gewechselt werden müssen.

Hätten Sie übrigens gewusst, wie stark der Energieverbrauch in gleichartigen Gebäuden voneinander abweichen kann? Er liegt mitunter bis zur Hälfte unter dem mittleren Verbrauch, kann aber auch doppelt so hoch sein! Diese gewaltigen Abweichungen sind weniger auf die unterschiedlichen Wärmebedürfnisse der Nutzer zurückzuführen, als vielmehr auf das unterschiedliche Heiz- und Lüftungsverhalten!

6.2 Rohrnetz: Gut gedämmt ist viel gewonnen

Das Bindeglied zwischen Wärmeerzeuger und Heizflächen ist bei Warmwasserheizungen das Rohrnetz, für das traditionell die vergleichbar langlebigen Kupfer- oder Stahlrohre eingesetzt werden. In den letzten Jahren setzten sich bei Neubauten jedoch mehr und mehr Kunststoffrohre durch, die zwar teurer sind, aber einen deutlich geringeren Montageaufwand erfordern.

Entscheidend ist die Dämmung des Rohrnetzes. Der Gesetzgeber schreibt dafür Mindestdicken vor: In nicht beheizten Räumen sollte die Dämmung demnach so dick wie der Rohrdurchmesser sein, mindestens jedoch 2 cm. Hier sollte nicht am falschen Platz gespart werden; denn die Wärmeverluste des Rohrnetzes können ohne weiteres 10 bis 15 % der eingesetzten Energie betragen.

Heizkörper oder Fußbodenheizung können nur optimal arbeiten, wenn die Heizfläche richtig dimensioniert ist und von ausreichend Heizungswasser mit der vorgesehenen Temperatur durchströmt wird. Bei einer üblichen Pumpenheizung müsste die richtige Strömungsmenge eigentlich gewährleistet sein – wenn nicht der Reibungswiderstand des Wassers im Rohrnetz wäre! Das Wasser sucht sich nämlich den Weg des geringsten Widerstandes und fließt möglicherweise an den vielen Hindernisse (Bögen,

Ventile, Verzweigungen) vorbei, die es natürlich in allen Heizungsnetzen gibt. Der Extremfall wäre eine Art „Wasserkurzschluss" zwischen Heizkessel, Pumpe und dem nächstgelegenen Heizkörper.

Eine gleichmäßige Durchströmung aller Heizflächen lässt sich nur durch die Regulierung der Volumenströme erreichen. Bei kleinen Anlagen klappt dies meist leidlich. Werden jedoch einzelne Räume oder Heizkörper ungleichmäßig oder ungenügend warm, dann liegt dies häufig an den zu geringen Wassermengen und eben nicht an der Wassertemperatur, einem zu kleinen Heizkörper oder einer zu niedrig eingestellten Pumpe. Verlangen Sie von Ihrem Heizungsbauer deshalb unbedingt den **„hydraulischen Abgleich"** – also die Einregulierung der Volumenströme an den Rücklaufverschraubungen der Heizkörper, am Thermostatventil oder an anderen Regulierventilen im Verteilungsstrang!

TIPP: Testen Sie Ihre Heizungsanlage bei voll geöffneten Thermostatventilen: Wenn alles richtig eingestellt ist, muss das **Temperaturgefälle** zwischen Vor- und Rücklaufanschluss bei allen Heizkörpern gleich sein. Das heißt: Alle Heizkörper haben dieselbe Temperaturspreizung.

6.3 Heizungspumpen: Hohes Einsparpotenzial

Heizungspumpen haben einen Anteil von 3 bis 4 % am jährlichen Stromverbrauch in Deutschland. Mit Wirkungsgraden kleiner Pumpen zwischen 5 und 20 % ließe sich hier noch einiges gutmachen. Doch leider sind Umwälzpumpen meist ein wenig beachteter Anlagenbestandteil. Dabei sind falsch dimensionierte Heizungspumpen häufig nicht nur Stromfresser, sondern nerven auch noch durch Strömungsgeräusche an den nachgeschalteten Thermostatventilen. Das kann besonders stören, wenn zum Beispiel an einem milden Frühlingstag die Pumpe mit voller Leistung gegen die geschlossenen Ventile arbeitet.

Heizungspumpen müssen vom Fachmann entsprechend dem maximalen Förderbedarf dimensioniert werden. Vielfach wird jedoch nur auf die Technik geachtet, obwohl die neueren differenzdruckgeregelten Elektronikpumpen gerade bei kleinen Anlagen nur dann Strom sparen, wenn sie richtig dimensioniert sind. Ist dies nicht der Fall, kann eine manuell einstellbare mehrstufige Umwälzpumpe – auf unterster Stufe betrieben – durchaus besser abschneiden. Elektronikpumpen regeln ihre Drehzahl innerhalb gewisser Grenzen automatisch herunter, wenn sich der Druck im Leitungssystem durch Schließen der Thermostatventile erhöht.

TIPP: Generell sollte die Heizungspumpe so **niedrig eingestellt** werden, dass der Wärmebedarf in allen Räumen gerade noch gedeckt wird. Sofern der Wärmerzeuger nicht einen hohen Mindestdurchfluss erfordert, lohnt es sich durchaus, mehrmals im Jahr in den Keller zu gehen und die Pumpe den jahreszeitlichen Schwankungen des Wärmebedarfs anzupassen.

In den letzten Jahren wurde einiges getan, um effektivere Umwälzpumpen für den kleinen Leistungsbereich zu bauen. So wurden Pumpen mit Permanentmagnettechnik entwickelt, die wesentlich höhere Wirkungsgrade bis 40 % erreichen können und außerdem kompakt gebaut und vielseitig einsetzbar sind.

6.4 Schornstein: Notwendige Schlankheitskuren

Die Abgase aus Feuerungsanlagen müssen in aller Regel in einem Schornstein über das Dach abgeführt werden. Eine direkte Ableitung wie früher über Außenwandgeräte bei Gasöfen ist in fast allen Bundesländern bei Neugeräten nicht mehr zulässig. Feste Energieträger wie Holz oder Kohle benötigen grundsätzlich relativ große Schornsteinquerschnitte, flüssige und gasförmige Brennstoffe kommen mit geringeren Querschnitten aus, brauchen also schlankere Kamine. Daher ist es nicht ohne weiteres möglich, gleichzeitig die Verbrennungsgase eines Ölheizkessels und z. B. eines Kaminofens über einen Schornstein abzuführen.

In Neubauten (und vielen Altbauten) werden Gasbrennwertkessel häufig unterm Dach aufgestellt, da die kurzen Abgaswege Geld sparen. Wichtig ist dabei allerdings eine frostgeschützte Aufstellung, falls der Kessel (z. B. im Winterurlaub!) mal ausfällt. Außerdem sollte unter der Heizungsanlage eine Auffangwanne angebracht sein, um bei Leckagen Schäden in den unteren Etagen vorzubeugen.

Schornsteinprobleme treten häufig dann auf, wenn der alte Kessel – der vielleicht noch für feste und flüssige Brennstoffe konzipiert war – gegen einen Neuen ausgetauscht wird: Durch die verbesserte Verbrennung und das geringere Volumen kühlen sich die Abgase im Kamin derart ab, dass der enthaltene Wasserdampf an der Innenwandung kondensiert und den Schornstein durchfeuchtet (Gas) oder versottet (Öl).

Abhilfe verspricht hier eine Querschnittsverringerung durch Einziehen von starren Edelstahl-, Schamotte- oder Glasrohren. Flexible Stahlrohre neigen zum Rosten und haben sich weniger bewährt. Edelstahlrohre lassen sich leicht einbauen und sind preisgünstig. Keramische Rohre haben etwas günstigere Materialeigenschaften, erfordern allerdings einen sorgfältigen Einbau. Bei Preisvergleichen von Edelstahlrohren sollte auf die angebotene Materialdicke und die Werkstoffnummer geachtet werden.

Bei einer Schornsteinsanierung mit Einzug eines Edelstahl- oder Schamotterohrs muss mit Kosten von rund 500 € (979 DM) pro Vollgeschoss gerechnet werden. Glasrohre werden wegen des hohen Preises nur selten eingesetzt. Eine weitere Möglichkeit der Querschnittsverringerung ist das Ausschleudern mit Leichtbeton, wobei allerdings nicht immer eine gleichmäßige Materialdicke gewährleistet ist. Relativ neu auf dem Markt sind spezielle Kunststoffrohre, die bis 180 °C Abgastemperatur zugelassen sind.

TIPP:

- **Edelstahl** mit der Kennzeichnung „W.Nr.1.4539" ist bei Ölheizungen wegen der höheren Korrosionsfestigkeit besser als „W.Nr.1.4571".
- Bei Fragen zum **Kesselstandort** und zur Abgasführung sollte schon in der Planungsphase der zuständige Bezirksschornsteinfeger zu Rate gezogen werden.
- Bei der Kesselerneuerung sollte der Bezirksschornsteinfeger oder der Fachhandwerker gefragt werden, ob eine **Querschnittsverringerung** des bestehenden Schornsteins notwendig ist. Häufig kann auch mit dem preiswerteren Einbau eines Zugbegrenzers oder einer Nebenluftvorrichtung das bestehende System nachgerüstet werden.

Abgasleitung: Bei Brennwertgeräten haben die relativ kühlen Abgase praktisch keinen natürlichen Auftrieb mehr und müssen daher mit einem geringen Überdruck abgeführt werden. Daher muss auch die Abgasleitung druckdicht und unempfindlich für Kondensfeuchte sein. Meist bestehen die Abgasleitungen aus Kunststoff- oder Edelstahlrohren, die in einem Schornstein oder brandsicheren Schacht verlegt werden. Der Raum zwischen dem Rohr und dem alten Schornstein oder Schacht wird bei Brennwertkesseln in der Regel zur Zufuhr von Frischluft für den Kessel genutzt. Der Kessel ist damit raumluftunabhängig, so dass der Raum, in dem der Kessel steht, keine Frischluft-Löcher braucht. Und da die Frischluft im Gegenstrom an der Abluft vorbeistreicht, kommt sie vorgewärmt in den Heizkessel und der Nutzungsgrad verbessert sich etwas.

Bei einer Abgasleitung von weniger als 4 m können konzentrische – also doppelwandige – Abgasrohre eingesetzt werden: Das Abgas strömt durch das innere Rohr und durch das äußere Rohr holt sich der Kessel die Frischluft. Solche Luft-Abgas-Systeme kosten 250 bis 400 € (489 bis 782 DM).

7. Heizflächen

Gleichmäßige Behaglichkeit

Heizkörper – Fachleute reden von „Heizflächen" – geben die ihnen zugeleitete Wärme gezielt an den Raum ab, entweder durch reine Abstrahlung oder durch Erwärmung der Luft (Konvektion). Die thermische Behaglichkeit, also das subjektive Wärmeempfinden, ist allerdings nicht nur von der Raumtemperatur abhängig, sondern auch von den Temperaturen der Außenumschließungsflächen – also der Wände, Fenster oder Türen. Wer z. B. mit dem Rücken vor einem kühlen Fenster sitzt, hat wegen der abgestrahlten Körperwärme das Gefühl, dass es zieht.

Die Wärmeabgabe wird nur dann als behaglich empfunden, wenn Strahlung und Konvektion so kombiniert werden, dass insgesamt eine gleichmäßige Raum- und Oberflächentemperatur bei geringen Luftströmungen herrscht. Entscheidet man sich dagegen ausschließlich für Strahlung oder Konvektion, sind Nachteile unvermeidlich:

- Bei der reinen **Strahlungsheizung** gibt's „Zugerscheinungen" durch die absinkende Kaltluft im Bereich der Fenster und Türen.
- Bei der reinen **Konvektionsheizung** führt die relativ hohe Luftbewegung im Bereich der Heizquelle zu Staubaufwirbelungen. Außerdem ist die Abstrahlung von Körperwärme in der Nähe von kalten Außenflächen (Fenster!) stärker. Um dies auszugleichen, wird die Heizung höher gedreht.

Bei gut wärmegedämmten Gebäuden mit Wärmeschutz-Verglasung ist eine gute thermische Behaglichkeit mit allen am Markt angebotenen Wärmeverteilsystemen erreichbar, sofern die Systeme richtig einreguliert und geregelt sind. Wichtig ist natürlich die richtige Heizkörpergröße, die von drei Temperatur-Eckdaten abhängt:

- der maximal gewünschten Vor- und Rücklauftemperatur,
- der Raumtemperatur,
- der Außentemperatur.

Beispiel: Eine Heizfläche muss mindestens so groß sein, dass sie bei einer angenommenen tiefsten Außentemperatur von -14 °C (Klimazone Hannover) und einer mittleren Heizkörpertemperatur von +70 °C die gewünschte Raumtemperatur von +20 °C erreicht. Soll dasselbe Ergebnis mit einer Heizkörpertemperatur von nur +55 °C erreicht werden, muss die Heizfläche um etwa 50 % vergrößert werden.

Niedertemperatur-Heizungssysteme (nicht zu verwechseln mit → Niedertemperatur-Kesseln) benötigen zwingend größere Heizflächen, wenn die gewünschten Raumtemperaturen mit geringeren Vorlauftemperaturen erzielt werden sollen. Dies ist eindeutig günstiger, weil sich dadurch die Bereitschafts- und Verteilungsverluste des Heizungssystems erheblich verringern. Positiver Nebeneffekt: Die größeren Heizflächen wirken sich wegen des höheren Strahlungsanteils positiv auf die thermische Behaglichkeit aus.

7.1 Der Trend geht zur Platte

Die Auswahl an verschiedenartigen Heizkörpern ist außerordentlich groß: Von raumhohen Heizwänden über formschöne Rundrohrheizkörper bis hin zum Designer-Badheizkörper findet jeder Wunsch an die Raumgestaltung seine Entsprechung, wenn es die Brieftasche zulässt.

Bis vor zwanzig Jahren waren überwiegend **Gliederheizkörper** angesagt, die wegen ihrer vielseitigen Gestaltungsmöglichkeit vor allem bei anspruchsvoller Innenarchitektur immer noch sehr hoch im Kurs stehen. Ihr großer Vorteil ist die Kombinierbarkeit der einzelnen Glieder bis zur gewünschten Baulänge und Wärmeleistung. Die Unsitte, Gliederheizkörper in Nischen zu installieren oder sogar hinter Verkleidungen zu verstecken, sollte der Vergangenheit angehören, weil dadurch ein erheblicher Wärmeanteil verloren geht.

Im konventionellen Wohnungsbau haben sich inzwischen weitgehend die preiswerteren **Plattenheizkörper** durchgesetzt: Sie unterscheiden sich in ihrer Wärmeleistung neben Länge und Höhe auch dadurch, ob sie nur aus einer Platte (P) bestehen oder ob zwei bis drei Platten hintereinander angeordnet sind. Außerdem können an der Plattenrückseite bzw. zwischen den Platten so genannte „Konvektionsbleche" (K) angebracht sein.

Kleiner Hinweis zur Entzifferung von Bauplänen: PKP steht für zwei Platten mit Konvektionsblech dazwischen! Obwohl die Heizkörper äußerlich nicht zu unterscheiden sind, können durch die Bleche unterschiedliche Wärmeleistungen erzielt werden. Jede Steigerung der Wärmeleistung bedeutet jedoch eine Zunahme des Konvektionsanteils, da für die Strahlung nur die dem Raum zugewandte Fläche zur Verfügung steht.

TIPP: Neubauten sind so gut wärmeisoliert, dass trotz geringer Heizkörpergröße der **Niedertemperaturbetrieb** möglich ist. Nach dem Preis-Leistungs-Verhältnis haben sich bei Öl- und Gasheizungen Temperaturen von 60 °C im Vorlauf und 45 °C im Rücklauf bewährt.

Strahlungsanteil verschiedener Heizkörpersysteme (Ca.-Werte bei 60 °C Vorlauftemperatur)

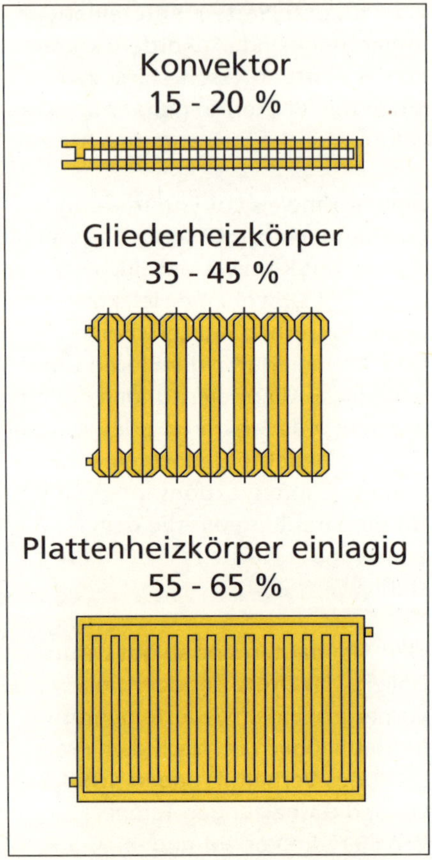

Zur Grafik: Die Werte machen deutlich, dass der Konvektionsanteil sowohl bei Glieder- als auch bei Plattenheizkörpern ausreichend groß ist.

7.2 Konvektoren wirbeln Staub auf

Konvektionsheizkörper sind extrem niedrig. Sie werden entweder vor der Wand als **Sockel**konvektoren eingebaut, in einen Schacht unterhalb der Fußbodenfläche als **Unterflur**konvektoren oder in einer Nische vor der Wand mit einer Blende verkleidet als **Schacht**konvektoren. Diese Heizkörper erzeugen einen Warmluftschleier. Die Wärmeleistung wird dabei von der Schachthöhe bestimmt: Je höher der Schacht, desto größer der Auftrieb und damit die Wärmeleistung.

Konvektoren mit verhältnismäßig kleiner Schachthöhe müssen während der gesamten Heizperiode mit hohen Heizwassertemperaturen betrieben werden, da sonst die Wärmeleistung wegen der geringen Auftriebskräfte erheblich zurückgeht. Sie sind daher zumeist nicht als Niedertemperatur-Heizung geeignet und eigentlich nur in Kombination mit anderen Heizflächen für besondere Einsatzbereiche empfehlenswert.

In vielen Altbauten wurden Konvektoren im Boden versenkt, um den Kaltlufteinfall großer, bis auf Fußbodenniveau reichender Fensterflächen durch den Warmluftschleier zu kompensieren. Nachteil: Konvektoren können schlecht gereinigt werden und wegen ihrer hohen Temperatur ist die Konvektion und damit die Staubaufwirbelung groß. Bei modernen Fenstern mit Wärmeschutzverglasung sind Konvektoren in der Regel entbehrlich.

Fußleistenheizkörper eignen sich auch für die Installation an Innenwänden, wo sie über den Warmluftschleier die Wandoberfläche erwärmen sollen.

7.3 Heizschlangen unter den Füßen

Fußbodenheizungen sind Niedertemperaturanlagen: Sinnvoll ist eine maximale Vorlauftemperatur von 35 °C und eine Rücklauftemperatur von etwa 25 °C. Damit ergeben sich an der Fußbodenoberfläche mittlere Temperaturen von 23 °C. Im Randbereich vor kühleren Fensterflächen sollten die Rohre dichter verlegt sein, um die Wärmeabflüsse auszugleichen. Aus Gründen der Behaglichkeit

darf in Bereichen dauernden Aufenthalts die Oberflächentemperatur 29 °C nicht überschreiten.

Als Rohrmaterial wird heute für Warmwasserfußbodenheizungen hauptsächlich diffusionsdichtes Kunststoffrohr verwendet, daneben traditionell auch Kupfer. Beide Materialien haben bei sachgerechter Installation eine gleich lange Lebensdauer. Folgende Installationen sind zu unterscheiden:

- **Trockeninstallation:** Dabei liegen die Rohre fixiert in gedämmten Leitungskanälen. Sie werden dann mit einer Folie überdeckt, bevor der Estrich (ggf. auch Trockenestrich) aufgebracht wird.
  Vorteil: der geringe Systemaufbau und bei Trockenestrich die sofortige Inbetriebnahme. *Nachteil:* die höheren Kosten und der schlechtere Wärmeübergang gegenüber der folgenden Variante:
- **Nassinstallation:** Beim klassischen Nasseinbettungssystem werden die Rohre mit Abstandshaltern auf der Dämmschicht verlegt und dann im Estrich eingegossen.
  Vorteil: der gute Wärmeübergang und die relativ günstigen Kosten. *Nachteil:* der hohe Fußbodenaufbau.
- **Klimaböden**: Das sind sehr flache, vom Heizungswasser durchströmte Kunststoffplattenelemente, die miteinander verbunden werden. Sie werden vielfach nachträglich in bestehenden Gebäuden installiert. Klimaböden sind meist nicht diffusionsdicht und erfordern einen besonderen → Korrosionsschutz.
  Vorteil: die geringe Bauhöhe des Systems und die schnelle Regelbarkeit. *Nachteil:* der hohe Preis und die hohe Zahl von Anschlussstellen.

TIPP: Von besonderer Bedeutung bei Fußbodenheizungen (Nassinstallation) ist die einwandfreie **Estrichüberdeckung** der Rohre (mindestens 45 mm) und das langsame Anheizen nach genügender Austrocknung des Estrichs (ca. vier Wochen). Bewegungsfugen im Estrich und im Oberbelag müssen sorgfältig geplant werden. Um die Gefahr von Rissbildungen im Estrich zu vermindern, sind zusätzliche Stahlmatten empfehlenswert (Estrichbewehrung).

Fußbodenheizungssysteme haben ein verzögertes Regelverhalten. Wärmegewinne durch Sonneneinstrahlung oder zeitliche Temperaturabsenkungen in nicht dauernd genutzten Räumen führen also nicht zu einer vergleichbaren Energieeinsparung wie beispielsweise das schnelle Herunterregeln von Heizkörpern mit Thermostatventilen. Deswegen und wegen einer erhöhten Wärmeabgabe an das Erdreich oder den Keller kann der Heizenergieverbrauch in Gebäuden mit Fußbodenheizung höher sein als bei entsprechenden Räumen mit Heizkörperheizung.

Es ist natürlich auch möglich, nur die kontinuierlich beheizten Bereiche mit Fußbodenheizungen zu versehen. Bei guter Wärmedämmung nach unten (ab etwa 10 cm), und einer durchdachten Regeltechnik wäre eine Kombination von zusätzlichen, thermostatgeregelten Heizflächen plus Fußbodenheizung ideal. Dies erfordert allerdings zwei separat geregelte Heizkreise, da die Fußbodenheizung mit einem anderen Temperaturniveau gefahren werden muss als die Heizkörper (→ Mischerregelung).

Bindeglied zwischen Wärmeerzeugung und Heizschlangen sind Fußbodenheizungsverteiler. Sie werden an günstigen Orten vor oder in der Wand montiert und nehmen sämtliche Regel-, Absperr-, Einregulier- und Entlüftungsvorrichtungen für die einzelnen Heizkreise auf. Häufig auftretende hydraulische Probleme in diesen Anlagen lassen sich schneller in den Griff bekommen, wenn jeder Heizkreis mit einem Durchflussregler und -messer sowie mit Vor- und Rücklaufthermometer ausgestattet ist.

Bei Fußbodenheizungen mit Kunststoffrohren ist darauf zu achten, dass die Rohrleitungen diffusionsdicht gegenüber Sauerstoff sind. Sonst dringt Sauerstoff in die Kunststoffrohre ein und es bildet sich an Stahlteilen der Heizungsanlage ein Eisenoxidschlamm, der auf Dauer zu Betriebsstörungen führt. Viele Hersteller empfehlen in diesem Fall chemische Zusätze, die eine Schlammbildung verhindern sollen. Besser und sicherer ist es allerdings, wenn der Fußbodenheizkreis über einen Wärmetauscher vom übrigen Heizungssystem abgekoppelt wird. Kupferrohre sind diffusionsdicht. Eine Schlammbildung ist nicht möglich.

TIPP: Ein besonderes Augenmerk sollte dem **Fußbodenoberbelag** gelten. Theoretisch kommen zwar fast alle Beläge für eine Fußbodenheizung in Frage, praktisch sind jedoch viele Böden wärmetechnisch ungünstig: Fliesen- oder Steinfußböden sind z. B. wesentlich besser geeignet als Parkett oder gar Teppichböden, die die Wärmeabgabe stärker behindern (und verklebt werden müssen!). Die Wahl des Oberbelags hat daher auch Einfluss auf die Dimensionierung des Rohrabstandes und ist mit dem Heizungsbauer abzusprechen.

Wandflächen- und Deckenheizungen sind ein guter Kompromiss zwischen Fußboden- und Radiatorheizung, was das Regelverhalten und die thermische Behaglichkeit betrifft. Wie bei der Fußbodenheizung gibt es auch hier Trocken- und Nass-Systeme, bei denen die Kunststoff- bzw. Kupferrohre eingeputzt werden. Relativ neu sind Platten mit integriertem Rohrregister, die sich wie Gipskartonplatten einsetzen lassen. Natürlich müssen sie mit dem Heizsystem und untereinander verbunden werden.

Diese Systeme sind teuer und haben zudem den Nachteil, dass vor der Installation bereits feststehen muss, wo später die Möbel stehen sollen; denn eine zugestellte Heizfläche gibt nicht die gewünschte Wärme ab. Und da diese Systeme nur relativ selten eingebaut werden, haben die Handwerker damit häufig nur wenig Erfahrung.

All dies zeigt, dass Flächenheizsysteme eine besonders sorgfältige Planung erforderlich machen: Dies gilt zum einen für die Abstimmung zwischen Nutzer und Heizungsfachmann bezüglich der Inneneinrichtung. Außerdem muss die Arbeit zwischen den Fachhandwerkern (z. B. Heizungsmonteur und Estrichleger) koordiniert werden. Und schließlich wird der höhere rechnerische Planungsaufwand bei der Auslegung der Komponenten nicht von jedem Heizungsbauer beherrscht.

Alternativ zu Wasser als Wärmeträger werden auch **elektrische Widerstandsheizungen** als Decken-, Wand- und Fußbodenheizungen angeboten. Von den Investitionskosten her sind diese Systeme zwar günstig und sie haben auch eine sehr geringe Aufbauhöhe. Die Betriebskosten sind jedoch hoch, vor allem wenn sie mit Tagstrom betrieben werden. Wir raten deshalb von diesen Anlagen ab: Eine Beheizung mit der Edelenergie Strom ist weder ökonomisch noch ökologisch vertretbar!

7.4 Viel heiße Zuluft!

Bei **Warmluftheizungen** wird die von einem zentralen Heizkessel (direkt oder indirekt über ein Heizregister) erwärmte Zuluft über ein Luftkanalnetz durch Decken-, Wand- oder Fußbodenauslässe den einzelnen Räumen zugeführt. Gleichzeitig wird die Abluft durch ein entsprechendes Kanalnetz abgesaugt. Ein Teil davon wird als *Fortluft* abgeführt, der Rest mit frischer Außenluft gemischt, über entsprechende Filter gereinigt und über den Wärmeerzeuger wieder als *Zuluft* den Räumen zugeführt.

Die Regelung der Anlage erfolgt über die Umluftmenge, die Zuluftmenge und über die Temperatur. Die Zulufttemperatur ist auf maximal 50 °C begrenzt, so dass die Anlagen im Niedertemperaturbereich arbeiten.

Warmluftheizungen sind gut regelbar und arbeiten mit Wärmerückgewinnung. Lüftungsverluste lassen sich minimieren und über die Filter können auch Kleinstpartikel in der Luft (z. B. Pollen) reduziert werden. Ein Nachteil ist der im Vergleich zur Warmwasserheizung wesentlich höhere Planungsaufwand.

Um unnötigen Stromverbrauch der Lüfter sowie zu hohe Luftbewegungen in den Räumen zu vermeiden, ist eine exakte Berechnung der nötigen Zuluftmengen (Kanalquerschnitte von 150 mm und mehr!) sowie der Lüfterleistung notwendig. Außerdem muss eine Geräuschübertragung durch das Kanalnetz oder den Lüfter durch Schallschutzmaßnahmen vermieden werden, was einige Erfahrung voraussetzt.

Wie bei der kontrollierten → Wohnungslüftungsanlage müssen die Filter regelmäßig gereinigt und bei Bedarf ersetzt werden, um die Volumenströme konstant zu halten und eine Verschmutzung oder Verkeimung zu verhindern. Damit nicht zu große Luftmengen umgewälzt werden müssen, ist eine sehr gute Wärmedämmung zu empfehlen (Niedrigstenergie- oder Passivhausstandard).

TIPP: Das Zentralgerät sollte nach Möglichkeit im **Dachbereich** installiert werden, um die Rohrführung für die Außen- und Zuluft zu minimieren. Nach der Installation müssen sämtliche Zu- und Abluftventile entsprechend den berechneten Werten eingestellt werden.

7.5 Mit Ventil und Ventilator

Um Energieverluste durch Lüften zu minimieren und eine gleichbleibend gute Innenraumluft zu gewährleisten, werden in Neubauten zunehmend **kontrollierte Wohnungslüftungsanlagen** installiert. Sie bestehen in ihrer einfachsten Form aus einem zentralen Abluftkanal mit regelbarem Abluftventilator sowie Zuluftventilen in Fenstern oder Außenwänden.

Durch den vom Abluftventilator erzeugten Unterdruck strömt Außenluft durch die Zuluftventile nach. Die Regelung der Zuluftmengen erfolgt über die Drehzahl des Abluftventilators und die Voreinstellung der Zuluftventile. Es gibt jedoch auch Zuluftventile, deren Querschnitt sich je nach Raumluftfeuchte ändert und damit gute lufthygienische Verhältnisse schafft. Die Lüftung über geöffnete Fenster ist dennoch möglich.

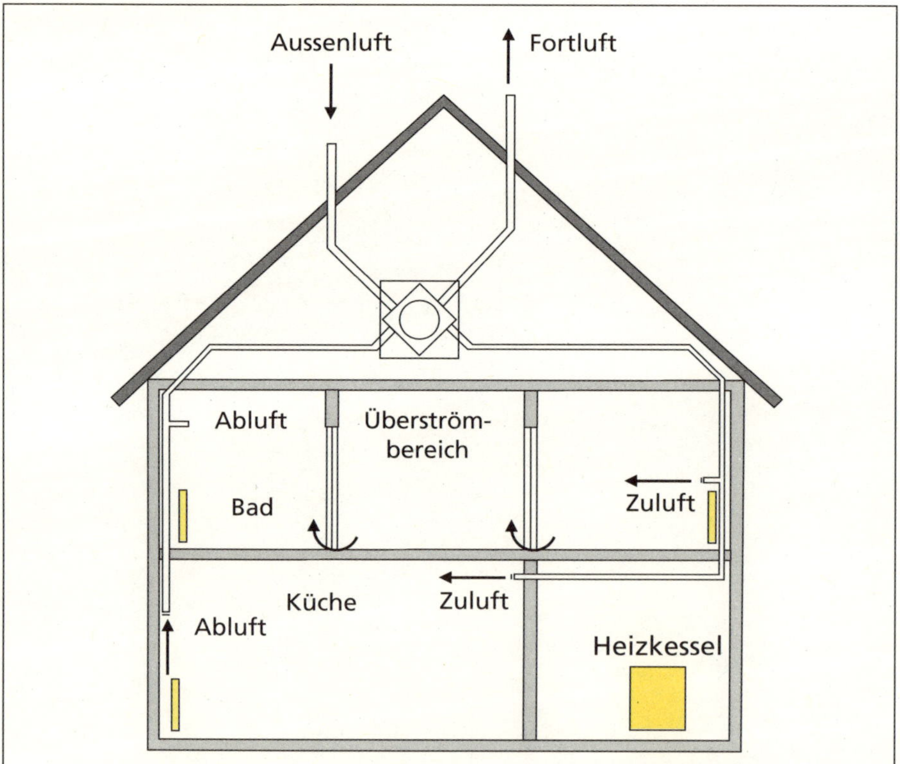

Kontrollierte Wohnungslüftungsanlage mit Wärmerückgewinnung

Wohnungslüftungssysteme mit Wärmerückgewinnung bringen durch technisch aufwändigere Zu- bzw. Abluftanlagen eine gezielte Energieeinsparung: Dabei wird ein Teil der in der Abluft enthaltenen Wärme über einen Wärmetauscher oder eine Wärmepumpe dem Gebäude oder dem Heizungssystem wieder zugeführt. Schallschutz beachten!

Viel hängt davon ab, die technischen Regeln für die Luftdichtigkeit des Gebäudes einzuhalten. Auch wenn „luftdichtes" Bauen für das Fachhandwerk heute kein Neuland mehr darstellt, kann fehlende Sorgfalt bei Bauteilanschlüssen oder Elektroinstallationen eine beabsichtigte Energieeinsparung mitunter vereiteln. Bei Altbauten ist die Installation einer kontrollierten Lüftung allein aus Gründen der Energieeinsparung deshalb häufig sinnlos. Bei Niedrigenergiehäusern ist eine Abluftanlage dagegen in der Regel empfehlenswert und bei Passivhäusern eine Anlage mit Wärmerückgewinnung unumgänglich. Dies macht allerdings nur Sinn, wenn die Nutzer solcher Anlagen ausführlich eingewiesen werden!

Die Luftdichtigkeit kann mit dem **Blower-Door-Test** gemessen werden, der damit auch als Qualitätskontrolle für die handwerklichen Arbeiten dient. Im Neubau ist der Test uneingeschränkt zu empfehlen, um einerseits Bauschäden durch Wasserdampfkondensation vorzubeugen und andererseits die Funktion einer evtl. eingebauten Lüftungsanlage zu sichern.

Grafik 3: Wärmeverluste bei unterschiedlichen Lüftungsverfahren

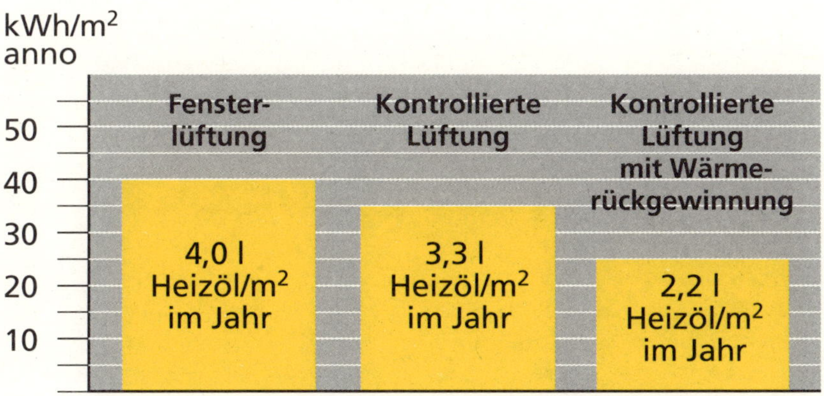

Lüftungswärmeverlust mit kontrollierter Lüftung/Wärmerückgewinnung

7.6 Wärmeverteilsysteme im Preisvergleich

Tabelle 8: Investitionskosten pro Quadratmeter Wohnfläche

System	€/m²	DM/m²
Gas-Brennwertheizung mit Plattenheizkörpern	80	156
– dasselbe mit Lüftungssystem	110	215
– mit Lüftungssystem und Wärmerückgewinnung	125	244
Öl-Niedertemperaturheizung mit Plattenheizkörper	80	156
Öl/Gas-Warmwasserfußbodenheizung	100	196
Nachtspeicherheizung	70	137
Elektrische Widerstandsheizung	75	147
Gas-Warmluftheizung	115	225
Fernwärme-Plattenheizkörper	90	176
Monovalente Elektro-Wärmepumpe-Fußbodenheizung	150	293

Zu Tabelle 8: Zugrunde gelegt ist ein Neubau, ca. 130 qm, Stand 2000/2001

8. Warmwasser

Manche mögen's *zu* heiß!

Bei der Entscheidung für ein geeignetes Warmwassersystem sollten neben technischen Aspekten auch die stark abweichenden persönlichen Gewohnheiten und Komfortansprüche eine Rolle spielen:

- Extrem Sparsame begnügen sich mit 10 bis 20 Litern warmen Wassers (60 °C) täglich.
- Der mittlere Bedarf liegt bei 30 bis 50 Litern.
- Bei verschwenderischem Umgang werden bis zu 80 Liter verplätschert – oder noch mehr!

TIPP: Auch wer selbst sparsam mit Wasser umgeht, sollte die Anlage **größer dimensionieren**, damit es im Bedarfsfall auch für den Gast noch zu einer warmen Dusche reicht!

Neben dem persönlichen Bedarf ist natürlich auch die Wahl des Energieträgers entscheidend, wie unsere Grafik veranschaulicht.

Im Haus werden drei Varianten der Warmwasserbereitung unterschieden, nämlich Einzel-, Zentral- und Gruppenversorgung:

Bei der **Einzelversorgung** hat jede Zapfstelle ihr eigenes Gerät. Die Verluste übers Rohrnetz sind entsprechend gering und Warmwasser ist sofort verfügbar. Geräteaufwand und Energiekosten (Tagstrom oder Gas) sind allerdings hoch. In Einzelfällen macht diese Lösung dennoch Sinn, vor allem bei geringem Warmwasserbedarf.

Bei der **Zentralversorgung** werden alle Zapfstellen über ein Gerät versorgt, meist über einen Warmwasserspeicher, der über die Heizungsanla-

Grafik 4: Primärenergieverbrauch für Warmwasserbereitung (4-Personen-Haushalt)

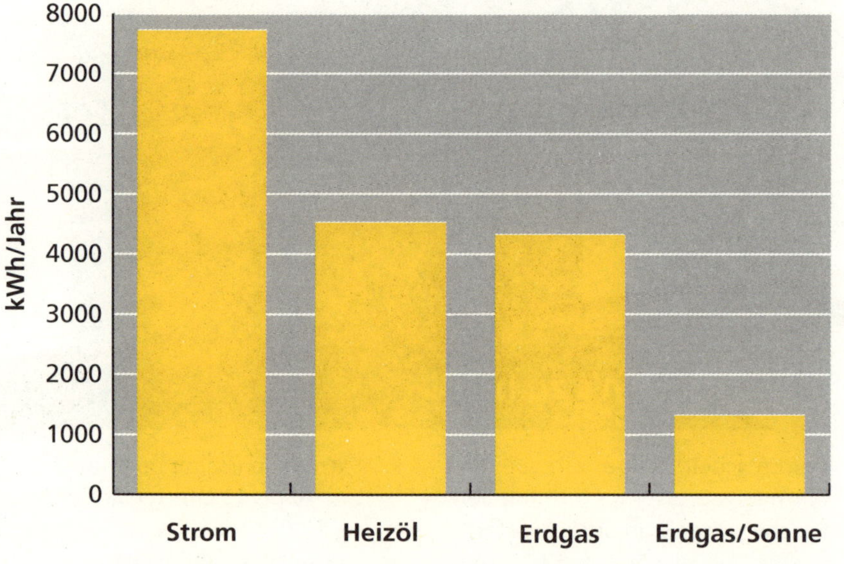

Zur Grafik 4: Strom schneidet mit Abstand am schlechtesten ab. Heizöl und Erdgas stehen etwa auf einem (deutlich besseren) Level, wobei die Verbrennung von Heizöl rund 30 % mehr Kohlendioxid produziert! Am günstigsten ist die Kombination Erdgas/Sonne, wobei die Sonne bei einer richtig dimensionierten Anlage etwa 65 % des Warmwasserbedarfs abdeckt. Noch günstiger ist es, wenn statt Erdgas ein nachwachsender Rohstoff (Holz) eingesetzt wird.

ge aufgeladen wird. Dadurch gibt's auch bei schwankenden Druck- und Entnahmeverhältnissen stets ausreichend warmes Wasser. Außerdem können mehrere Zapfstellen gleichzeitig bedient werden. Bei langen Rohrleitungen kann es allerdings eine Weile dauern, bis warmes Wasser aus dem Hahn fließt.

In ausgedehnten Gebäuden wird deshalb eine Zirkulationsleitung unumgänglich: Dabei wird zu bestimmten Zeiten oder ständig heißes Wasser durch die Leitungen gepumpt, damit jederzeit sofort heißes Wasser gezapft werden kann. In den Leitungen gibt es jedoch erhebliche Wärmeverluste und der Pumpenstrom kommt noch hinzu. Um diese Energieverluste in Grenzen zu halten, muss die Pumpe nach Energieeinsparverordnung mit einer Zeitschaltuhr versehen sein.

Meist lässt sich das Problem der nächtlichen Abkühlung schon durch ein kurzes Einschalten zu den Hauptverbrauchszeiten morgens und abends lösen. Noch günstiger im Energieverbrauch ist die Ansteuerung der Zirkulationspumpe über Taster, die bei den Entnahmestellen installiert werden, so dass schon nach kurzer Wartezeit warmes Wasser kommt.

In gut geplanten Einfamilienhäusern mit kurzen Wegen zwischen Wärmeerzeuger und Zapfstellen ist eine Zirkulationsleitung überflüssig. Die Dämmstärke sollte etwa dem Durchmesser der Rohrleitung entsprechen und nicht unter 2 cm liegen; der Leitungsquerschnitt sollte nicht unnötig groß sein.

TIPP: In neueren Einfamilienhäusern liegt der Leistungswärmebedarf für die Beheizung häufig unter 10 Kilowatt. Soll das Warmwasser ebenfalls zentral durch den Heizkessel erwärmt werden, sollte die Kesselleistung **nicht unter 18 kW** liegen, wenn (z. B. aus Platz- oder Kostengründen) ein sehr kleiner Warmwasserspeicher gewählt wird. Im Gegensatz zu Altanlagen wirkt sich bei neuen Heizkesseln eine gewisse Überdimensionierung praktisch nicht aus.

Die früher propagierte Abtrennung der Warmwasserbereitung von der Zentralheizung im Sommer und Nachheizung über Strom ist bei neueren Heizungsanlagen weder ökonomisch noch ökologisch sinnvoll. → Durchlauferhitzer, die mit Erdgas oder Strom betrieben werden können, sind für die zentrale Warmwasserversorgung nur bedingt zu empfehlen.

Bei der **Gruppenversorgung** werden gemeinsame Zapfstellen gemeinsam versorgt, um die Länge der Rohrnetze zu begrenzen oder den Verbrauch einfacher abrechnen zu können. Dies ist beispielsweise bei der Versorgung von Etagenwohnungen innerhalb von Mehrfamilienhäusern interessant.

Wichtig ist die Wassertemperatur: Um den Energieverbrauch und die Verkalkungsgefahr in Rohrleitungen und Armaturen möglichst gering zu halten, sollte das Wasser nicht höher temperiert werden, als es an der jeweiligen Zapfstelle in der Regel gebraucht wird. Die höchsten Wassertemperaturen sind erfahrungsgemäß im Küchenbereich nötig, doch auch hier reichen 50 °C meist aus. Eine Höchsttemperatur von 60 °C sollte auch wegen der Verbrühungsgefahr nicht überschritten werden!

TIPP: Wenn die Warmwasserbereitung nicht elektrisch erfolgt, kann es sinnvoll sein, auch die **Wasch- und Geschirrspülmaschine** an das Warmwassernetz zu hängen, sofern diese Geräte nicht allzu weit vom Warmwasserbereiter entfernt stehen. Auf diese Weise lassen sich in einem 4-Personen-Haushalt pro Jahr ca. 75 € (147 DM) an Stromkosten sparen. Waschmaschinen müssen dafür ein Vorschaltgerät haben (Kosten: ca. 200 € = 391 DM), das nur im ersten Waschgang warmes Wasser in die Maschine fließen lässt. Alternativ kann das warme Wasser auch von Hand eingefüllt werden, was allerdings etwas mühsam ist. Geschirrspülmaschinen können meistens direkt angeschlossen werden (s. Betriebsanleitung).

8.1 Steckbrief der wichtigsten Warmwassergeräte

Zunächst sollen die wichtigsten Geräte zur zentralen Warmwasserversorgung vergleichend dargestellt werden (indirekt und direkt beheizte Speicher, Elektro-Standspeicher, Solaranlagen, Wärmepumpen), danach die Geräte zur dezentralen Versorgung (Durchlauferhitzer, Durchlaufspeicher, Untertischspeicher):

Indirekte Systeme:
Ein Wärmeerzeuger genügt

Indirekt beheizte Warmwasserspeicher werden entweder an den Wärmeerzeuger der Zentralheizung angeschlossen oder an einen Sonnenkollektor- bzw. Wärmepumpenkreislauf. Bei der gebräuchlichsten Bauart werden Rohrschlangen-Wärmetauscher verwendet. Der Speicher sollte nicht zu weit vom Kessel und von den Zapfstellen entfernt sein. Stehende Speicher haben eine günstigere Warmwasserschichtung als liegende. Der Speicherinhalt sollte bei Ein- und Zweifamilienhäusern etwa dem mittleren Tagesbedarf entsprechen, also etwa 30 bis 40 Liter pro Person; für einen 4-Personenhaushalt könnte also ein 120-Liter-Speicher passen.

Mit einer zeitgesteuerten Speicheraufheizung lässt sich die Wirtschaftlichkeit der Warmwasserbereitung im Sommer deutlich erhöhen. Bei bivalentem Betrieb mit einer Solaranlage sind stets zwei Wärmetauscher erforderlich und das Speichervolumen sollte etwa 80 Liter pro Person betragen.

Die gängigen Warmwasserspeicher bestehen aus emailliertem Stahl. Da die Emailleschicht auch schadhaft sein kann, ist zusätzlich eine Magnesium-Opferanode erforderlich: Sie besteht aus einem weniger „edlen" Metall, das anstelle des wertvollen Speichermaterials „geopfert" und damit im Laufe der Zeit buchstäblich zerfressen wird. Es ist deshalb wichtig, diese Opferanoden jährlich zu kontrollieren und gegebenenfalls zu ersetzen! Alternativ können auch praktisch wartungsfreie Fremdstromanoden eingebaut werden, die zwar etwas teurer, aber durchaus lohnend sind. Bei Edelstahlspeichern entfällt der Einbau einer Opfer- oder Fremdstromanode; sie sind jedoch erheblich teurer als emaillierte Speicher und auch hier wird die Korrosionsgefahr nicht ganz gebannt.

Vorteil eines indirekt beheizten Speichers: Trotz hoher Warmwasserleistung wird nur ein einziger Wärmeerzeuger benötigt (geringere Wartungskosten, einfacherer Anschluss an den Schornstein). Dem stehen allerdings eventuell höhere Investitionskosten gegenüber.

Sonderformen bezüglich des Wärmetauschers sind die Doppelmantel- und Schichtenspeicher: **Doppelmantelspeicher** sind relativ preiswert. Jedoch ist im Vergleich zum innenliegenden Wärmetauscher die exakte Regelung des Wärmeübergangs beim Ladebetrieb schlechter, weil der vollgeladene Speicher die Restwärme des Kesselwassers nicht mehr abgeben kann. **Schichtenspeicher** sorgen auch in niedrigen Temperaturbereichen für eine optimale Energieausnutzung. Dieses System wurde nicht zuletzt durch die Einführung der Brennwerttechnik entwickelt. Wie beschrieben (→ Sonnenenergie) wird beim Aufheizen Kaltwasser aus dem unteren Speicherteil entnommen, durch einen Plattenwärmetauscher geführt, auf die gewünschte Temperatur gebracht und im oberen Bereich des Speichers eingeschichtet. Durch dieses Prinzip können Brennwertheizgeräte auch bei der Warmwasseraufladung überwiegend im günstigen Kondensationsbetrieb arbeiten.

Direkte Systeme:
Hohe Bereitschaftsverluste

Direkt beheizte Gas-Warmwasserspeicher haben einen eigenen Gasbrenner und benötigen einen Schornsteinanschluss. Sie sind preiswerter als indirekt beheizte Speicher und können das Wasser unabhängig vom Heizungsbetrieb erwärmen. Aufgrund der hohen Bereitschaftsverluste dieser Speicher (Zündflamme, innere Auskühlung durch Schornsteinzug) sollte der Speicherinhalt allerdings nicht größer sein als der Tagesbedarf, wenn die Anlage einigermaßen wirtschaftlich laufen soll.

Bei indirekt beheizten Speichern verbessert sich der Nutzungsgrad mit der Überdimensionierung, bei direkt beheizten Speichern sinkt er dagegen rapide ab. Wichtig zu wissen: Der Wirkungsgrad eines direkt beheizten Warmwasserspeichers ist in der Regel deutlich niedriger als der eines indirekt beheizten Speichers – vor allem dann, wenn letzterer mit einem Brennwertkessel beheizt wird!

Warmwasser-Wärmepumpen: Aus der Luft gegriffen

Warmwasser-Wärmepumpen bestehen im Prinzip aus zwei Komponenten: Nämlich einem Warmwasserspeicher mit 300 – 400 Litern Wasserinhalt und dem Wärmepumpenaggregat, das entweder auf den Speicher aufgesetzt oder extern installiert ist. Meist ist für die Zeiten geringerer Aggregatleistung noch ein elektrischer Heizstab oder ein zweiter Wärmetauscher eingebaut. Der Speicherinhalt reicht für einen Drei- bis Vier-Personen-Haushalt und eignet sich für die Gruppen- und die Zentralversorgung.

Wir reden hier ausschließlich von Luft-Wärmepumpen, die sich die Wärme gewissermaßen aus der Raumluft greifen und an den Warmwasserspeicher abgeben. Die Leistungszahl gibt das Verhältnis eingesetzter Antriebsenergie zu Nutzwärme an und steht damit für die Wirtschaftlichkeit einer Wärmepumpe: Ein Wert von 2,5 bedeutet bespielsweise, dass aus einer Kilowattstunde (kWh) Strom 2,5 kWh Nutzwärme entstehen. Bei Geräten neuerer Bauart liegt die Arbeitszahl je nach Lufteintrittstemperatur und eingestellter Wassertemperatur im Bereich zwischen 2 und 3.

Werbeaussagen sollten allerdings kritisch betrachtet werden. So ist „im typischen Einfamilienhaus“ die warme Luft im Aufstellungsraum der Pumpe zumindest im Winter keineswegs „kostenlos“. Die entzogene Warmluft muss vielmehr unter Umständen durch das Heizungssystem ersetzt werden! Bei hohen Abwärmepotenzialen oder Kühllasten in manchen gewerblichen Bereichen kann dies allerdings ganz anders aussehen.

TIPP: Zum Betrieb einer Warmwasser-Wärmepumpe ist lediglich eine normale Steckdose sowie ein Abfluss zur Aufnahme des Kondensats erforderlich. Bei der Anschaffung sollte unbedingt darauf geachtet werden, ob ein ortsnaher **Wartungsdienst** vorhanden ist.

Durchlauferhitzer: Nur für kleinere Haushalte

Durchlauferhitzer erwärmen das Wasser dezentral erst zum Zeitpunkt der Entnahme, so dass keine Speicherverluste entstehen. Allerdings benötigen die Geräte eine Anschlussleistung von mindestens 18 Kilowatt, so dass für elektrische Geräte ein 400-Volt-Drehstrom-Anschluss notwendig ist.

Elektrische Durchlauferhitzer gibt es druckabhängig mit einer hydraulischen oder temperaturabhängig mit einer elektronischen Steuerung. Die Letzteren sind teurer, aber wegen der gleichmäßigeren Auslauftemperatur eindeutig die bessere Wahl. Eine Warmwasserbereitung auf Strombasis ist allerdings nur in Ausnahmefällen wirtschaftlich sinnvoll. Nachteilig ist auch, dass im Vergleich zu Gasdurchlauferhitzern ein etwa vier- bis fünfmal höherer Fließdruck im Leitungssystem gebraucht wird!

Gasdurchlauferhitzer haben eine bessere Primärenergieausnutzung und niedrigere Betriebskosten. In früheren Jahren waren sie weit verbreitet, weil die Abgase einfach aus der Wand geführt werden konnten. Heute ist ein Schornsteinanschluss erforderlich, der meist nicht in der Nähe ist. Das ist einer der Gründe, warum sie kaum noch eingebaut werden.

Durchlauferhitzer eignen sich grundsätzlich für die Einzel- und Gruppenversorgung in kleineren Haushalten (Etagenwohnungen), bedingt auch zur zentralen Versorgung. Dabei muss jedoch beachtet werden, dass die gelieferte Warmwassermenge (6 bis 8 Liter pro Minute mit einer Temperatur von 60 °C) meist nur zur Versorgung jeweils einer Zapfstelle ausreicht. Eine weitere Wasserentnahme hat starke Temperatur- und Druckschwankungen zur Folge.

Elektro-Standspeicher:
Nachtstromtarif nutzen

Diese Geräte ähneln im Aufbau dem indirekt beheizten Warmwasserspeicher. Um bei vorhandener Speicherheizung eine Aufheizung mit dem günstigeren Nachtstromtarif zu erzielen, ist auf eine ausreichende Dimensionierung (50 bis 70 Liter pro Person) und entsprechende Anschlussleistung zu achten.

8.2 Warmwassersysteme im Preisvergleich

Für die zentrale Warmwasserversorgung eignen sich praktisch alle Energieträger oder Systeme – also Öl, Gas, Fernwärme, Strom, Solarenergie oder Wärmepumpen. Der Installationsaufwand ist aber meist etwas höher als bei der dezentralen Versorgung. Auch die Auskühlung des Wassers im Rohrnetz bei langen Wegen vom Speicher zur Zapfstelle kann ein Nachteil sein. Hier liegt die Stärke der verbrauchsnahen dezentralen Versorgung, wobei praktisch nur Gas oder Strom in Frage kommen.

Mit Blick auf Komfort und Energiekosten ist in Einfamilienhäusern mit drei bis vier Personen dennoch eine zentrale Versorgung die bessere Lösung. Im Einzelfall kann eine weit entfernte Zapfstelle mit geringem Bedarf (z. B. Gäste-WC) ja auch dezentral versorgt werden.

Grafik 5: Energiekosten für die Warmwasserbereitung im 4-Personen-Haushalt

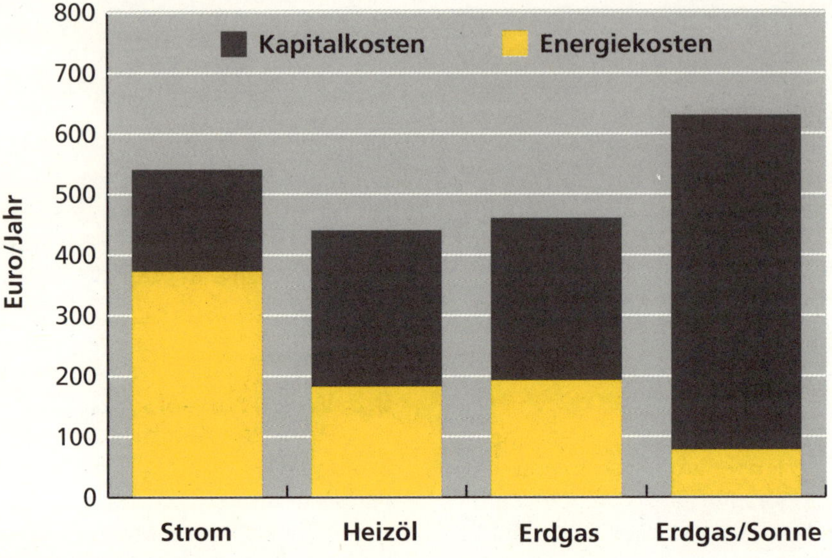

Zur Grafik 5: Die Wirkungsrade und Kapitalkosten veröffentlichte der Bundesverband der deutschen Gas- und Wasserwirtschaft (BGW) im Heizkostenvergleich Neubau, 2000 *Zugrundegelegte Preise: Heizöl =4,3 Cent (8,4 Pfennig) pro kWh, Erdgas = 4,6 Cent (9,0 Pfennig) pro kWh, Strom = 14,3 Cent (28,0 Pfennig) pro kWh.* Wärmebedarf: 2.500 kWh/Jahr. Für Solaranlagen gibt's Zuschüsse, so dass sich die Kapitalkosten für Erdgas-/Sonnensysteme reduzieren lassen.

Tabelle 9: Investitionskosten für verschiedene Warmwassersysteme

Warmwassersystem	Investition in €	in DM
Solaranlage mit 300-Liter-Speicher	5.000 - 6000	9.779 - 11.735
Indirekt beheizter Speicher (160 Liter)	1.800	3.520
Direkt beheizter Gas-Warmwasser-Speicher	1.500	2.934
Elektro-Durchlauferhitzer	500 - 1.000	978 - 1.956
Elektro-Warmwasser-Wärmepumpe	2.000	3.912

Zur Tabelle 9: Preise für ein freistehendes Einfamilienhaus, inkl. Rohrnetz und Montage

9. Angebot und Vergabe

Festpreis spart Ärger

Bei der Auftragsvergabe sollten mindestens drei Angebote eingeholt werden, die kostenfrei sind, falls nichts anderes vereinbart wurde. Wichtig ist, die erwarteten Leistungen präzise zu beschreiben und schriftlich bestätigen zu lassen. Unser Musterbrief auf Seite 81 möchte dabei behilflich sein. Aber im Zweifelsfalls ist natürlich auch die Energieberatung Ihrer Verbraucherzentrale für Sie da.

Der Markt für Heizkessel und Zubehör ist durch ein hohes technisches Niveau gekennzeichnet. Die Unterschiede liegen weniger bei den Herstellern, als im System (z. B. Fußbodenheizung oder Plattenheizkörper, Niedertemperaturkessel oder Brennwertgerät). Die meisten Heizungsbauer führen ein oder zwei Anbieter, halten deren Ersatzteile vor und bekommen auf ihre „Hausmarke" die höchsten Rabatte.

TIPP: Es ist deshalb zweckmäßig, dem Heizungsbauer nicht einen speziellen Hersteller vorzugeben, sondern nur das gewünschte System. Das schriftliche Angebot sollte eine **spezifizierte Leistungsbeschreibung** mit entsprechenden Typen- und Mengenangaben enthalten. Die eingetragenen Preise für die entsprechenden Massen sind verbindlich.

Wenn einzelne Rechnungspositionen später doch höher liegen als im Angebot, kann das verschiedene Gründe haben:

- **Zusatzarbeiten:** Über zusätzliche Arbeiten, die später vereinbart wurden, sollte vom ausführenden Betrieb ein Nachtragsangebot schriftlich eingeholt werden.
- **Fehlen von Kostenpositionen**: Gelegentlich werden einzelne Kostenpositionen beim Angebot „vergessen" – wie z. B. der Brenner. Beim Angebotsvergleich sollten die einzelnen Kostenpositionen deshalb aufmerksam studiert werden. Bei zu großen Preisdifferenzen wurde mit großer Wahrscheinlichkeit etwas „vergessen". Wenn nötig, sollte ein Nachtragsangebot eingeholt werden. Auch die Energieberatung Ihrer Verbraucherzentrale hilft sicher gerne weiter.
- **Arbeitszeiten:** Die Angebote beinhalten in der Regel die zu liefernde Menge (z. B. 1 Stück Gasheizkessel, Typ XY, liefern und einbauen), während die Einbaukosten häufig mit x- Stunden am Ende des Angebots aufgeführt werden. Besser ist eine Vereinbarung, in der alle Arbeiten inklusive der Montage vereinbart werden. Im Klartext: Versuchen Sie, einen Komplettpreis auszuhandeln. Das spart böse Überraschungen.

Wartungsvertrag: Es ist sinnvoll, die Heizungsanlage einmal jährlich warten zu lassen. Auch diese Leistung können Sie sich in Form eines Vertrages anbieten lassen. Dabei sollte eine gründliche Wartung durch den Heizungsmonteur unbedingt folgende Arbeiten enthalten:

- Reinigung des Primärwärmetauschers,
- Reinigung des Brenners und seiner Luftzuführung,
- Reinigung der Brennkammer,
- Funktionsüberprüfung des Heizgeräts und seiner Sicherheitseinrichtungen,
- Abgasmessung und Überprüfung des Abgasweges,
- Funktionsüberprüfung des Ausdehnungsgefäßes.

Ewald Frostbeul · Kaltwasserweg 82 · 99999 Durchsotting

Ewald Frostbeul · Kaltwasserweg 82 · 99999 Durchsotting

Firma
Heizung Sanitär Schnellgemacht
Kesselstraße 1

99998 Heizhausen

Durchsotting, d.

[**Musterbrief**]

Angebot über die Erneuerung meiner Heizungsanlage

Sehr geehrte Damen und Herren,

auf der Grundlage unseres Gesprächs und der Besichtigung der Heizungsanlage in meinem Hause bitte ich Sie um Erstellung eines Angebots über die komplette Erneuerung.
Ich bitte darum, alle Komponenten den nachfolgend genannten funktionellen Einheiten zuzuordnen, da mir sonst eine Vergleichbarkeit mit anderen Angeboten nicht möglich ist:

- Wandhängender Brennwertkessel, mit modulierendem Brenner, Leistung 5 - 15kW, differenzdruckgeregelte Kesselpumpe
- Witterungsgeführte Regelung
- Abgasanlage, raumluftunabhängiger Betrieb
- Kondensatableitung
- Warmwasserspeicher 160 Liter
- 1 Plattenheizkörper für Kellerraum, mit voreinstellbarem Thermostatventil
- Leitungsnetz, Erstellung/Erneuerung der erforderlichen Anschlüsse, Dämmung nach Energieeinsparverordnung
- Demontage und fachgerechte Entsorgung der alten Anlagenteile
- Inbetriebnahme
- Wartungsvertrag

Das Angebot enthält alle für den wirtschaftlichen und sicheren Betrieb erforderlichen Einrichtungen.
Des Weiteren bitte ich um Abgabe eines Alternativangebots, das die Einbindung einer Solaranlage zur Warmwasserbereitung einbezieht. Die Anlage soll bezogen auf einen durchschnittlichen Warmwasserbedarf für unseren 4-Personenhaushalt von 160 Litern pro Tag eine solare Deckung von 60 - 65 % erbringen.

- 6 m^2 Flachkollektoren, Aufdachmontage
- 400 Liter Solarspeicher
- Wärmemengenzähler
- Dämmung aller Rohrleitungen nach Energieeinsparverordnung.

Bei Rückfragen können Sie mich unter Telefon .... jederzeit gerne anrufen.
Ich bedanke mich schon jetzt für Ihre rasche Reaktion und bin
mit freundlichen Grüßen

10. Adressen:

Weitere Informationen

Erkundigen Sie sich bitte bei der **Verbraucherzentrale** Ihres Bundeslandes nach den örtlichen Beratungsstellen und den Sprechzeiten der EnergieberaterInnen. Dort erhalten Sie weitere individuelle und anbieterunabhängige Informationen sowie einschlägige Ratgeber. Falls Ihnen der Weg zur nächsten Beratungsstelle zu weit ist, rufen Sie einfach mal an oder besuchen Sie uns im Internet.

Ergänzend zu den Verbraucherzentralen haben wir im Anschluss noch einige **weitere Adressen und Websites** zusammengestellt, die Ihnen bei der Lösung von Energieproblemen behilflich sein könnten. Auf den folgenden Seiten haben wir bewusst **Platz für Notizen** gelassen, auf denen Sie in Ergänzung zu Ihren Planungsdaten auch die für Sie wichtigen Adressen Ihrer örtlichen Ansprechpartner und Handwerker festhalten sollten.

Verbraucherzentralen

Verbraucherzentrale
Baden-Württemberg e.V.
Paulinenstraße 47
70178 Stuttgart
Telefon: 0711/66 91-10
Telefax: 0711/66 91-50
E-Mail: info@verbraucherzentrale-bawue.de
Internet: www.verbraucherzentrale-bawue.de

Verbraucherzentrale Bayern e.V.
Mozartstraße 9
80336 München
Telefon: 089/53 98 70
Telefax: 089/53 75 53
E-Mail: info@verbraucherzentrale-bayern.de
Internet: www.verbraucherzentrale-bayern.de

Verbraucherzentrale Berlin e.V.
Bayreuther Straße 40
10787 Berlin
Telefon: 030/2 14 85-0
Telefax: 030/2 11 72 01
E-Mail: mail@verbraucherzentrale-berlin.de
Internet: www.verbraucherzentrale-berlin.de

Verbraucher-Zentrale
Brandenburg e.V.
Templiner Straße 21
14473 Potsdam
Telefon: 0331/2 98 71-0
Telefax: 0331/2 98 71-77
E-Mail: vz.brb@t-online.de
Internet: www.vzb.de

Verbraucherzentrale Bremen e.V.
Altenweg 4
28195 Bremen
Telefon: 0421/16 07 77
Telefax: 0421/16 07 780
E-Mail:
verbraucherzentrale_bremen@t-online.de
Internet: www.verbraucherzentrale-bremen.de

Verbraucher-Zentrale Hamburg e.V.
Kirchenallee 22
20099 Hamburg
Telefon: 040/24 83 2-0
Telefax: 040/24 83 2-290
E-Mail: info@vzhh.de
Internet: www.vzhh.de

Verbraucher-Zentrale Hessen e.V.
60313 Frankfurt
Große Friedberger Straße 13-17
Telefon: 069/97 20 10-0
Telefax: 069/97 20 10-50
E-Mail: vzh@verbraucher.de
Internet: www.verbraucher.de

Verbraucherzentrale Mecklenburg-Vorpommern e.V.
Strandstraße 98
18055 Rostock
Telefon: 0381/49 39 8-0
Telefax: 0381/49 39 8-30
E-Mail: verbraucherzentrale-mv@t-online.de
Internet: www.verbraucherzentrale-mv.de

Verbraucher-Zentrale Niedersachsen e.V.
Herrenstraße 14
30159 Hannover
Telefon: 0511/9 11 96-0
Telefax: 0511/9 11 96-10
E-Mail: info@vzniedersachsen.de
Internet: www.vzniedersachsen.de

Verbraucher-Zentrale
Nordrhein-Westfalen e.V.
Mintropstraße 27
40215 Düsseldorf
Telefon: 0211/38 09-0
Telefax: 0211/38 09-172
E-Mail: vz.nrw@vz-nrw.de
Internet: www.vz-nrw.de

Verbraucherzentrale Rheinland-Pfalz e.V.
Ludwigstraße 6
55116 Mainz
Telefon: 06131/28 48-0
Telefax: 06131/28 48-66
E-Mail: verbraucherzentrale-rlp@verbraucherzentrale-rlp.de
Internet: www.verbraucherzentrale-rlp.de

Verbraucherzentrale Saarland e.V.
Hohenzollernstraße 11
66117 Saarbrücken
Telefon: 0681/50 08 9-0
Telefax: 0681/5 88 09-22
E-Mail: vz-saar@vz-saar.de
Internet: www.vz-saar.de

Verbraucher-Zentrale Sachsen e.V.
Bernhardstraße 7
04315 Leipzig
Telefon: 0341/6 88 80 80
Telefax: 0341/6 89 28 26
E-Mail: vzs@vzs.de
Internet: www.vzs.de

Verbraucher-Zentrale Sachsen-Anhalt e.V.
Steinbockgasse 1
06108 Halle/Saale
Telefon: 0345/2 98 03-29
Telefax: 0345/2 98 03-26
E-Mail: vzsa@vzsa.de
Internet: www.vzsa.de

Verbraucherzentrale
Schleswig-Holstein e.V.
Bergstraße 24
24103 Kiel
Telefon: 0431/5 90 99-0
Telefax: 0431/5 90 99-77
E-Mail: info@verbraucherzentrale-sh.de
Internet: www.verbraucherzentrale-sh.de

Verbraucherzentrale Thüringen e.V.
Eugen-Richter-Straße 45
99085 Erfurt
Telefon: 0361/5 55 14-0
Telefax: 0361/5 55 14-40
E-Mail: vz-thueringen@t-online.de
Internet: www.verbraucherzentrale-thueringen.de

Verbraucherzentrale
Bundesverband e. V. (vzbv)
Markgrafenstr. 66
10969 Berlin
Telefon: 030/25 800-0
Telefax: 030/25 800-18
E-Mail: info@vzbv.de
Internet: www.vzbv.de

Weitere Adressen

Bundesamt für Wirtschaft und Ausfuhrkontrolle (Bafa)
Postfach 5160, 65726 Eschborn
Telefon (0 61 96) 908-0
Telefax (0 61 96) 9 42 26
www.bafa.de/ener/bekanntm.html: Förderrichtlinien, -programme und -anträge, Publikationen und Statistiken des Bundeswirtschaftsministeriums
www.rkw.de/6_online.html: Listen mit Energieberatern vor Ort

Bund der Energieverbraucher e.V.
Zeitschrift: Die Energiedepesche
Grabenstraße 17,
53619 Rheinbreitbach
Telefon (0 22 24) 92 27-0
E-Mail: BDE.ev@t-online.de
www.energiedepesche.de

Centrales Agrar-Rohstoff-Marketing- und Entwicklungsnetzwerk e.V.,
Schulstraße 8, 94315 Straubing
Telefon (0 94 21) 96 03 00
www.carmen-ev.de: Adressen und Infos zur Nutzung von Biomasse

Informationszentrum Wärmepumpen und Kältetechnik e.V. (IZW)
Unterreut 6, 76135 Karlsruhe
Telefon(07 21) 9 86 28 56,
Telefax (07 21) 9 86 28 57
www.izw-online.de: Infos über Wärmepumpen, Publikationen, Fördermittel

Ingenieurbüro für rationelle Energieanwendung (IREA)
Franziusstraße 8-14, 60314 Frankfurt
Telefon (0 69) 4 30 44-70
Telefax (0 69) 4 30 44-71
www.irea.de: Förderprogramme des Bundes und der Länder

Initiativkreis WärmePumpe e.V.
Elisabethstraße 34, 80796 München
Telefon (0 89) 2 71 01 56
www.waermepumpe-iwp.de: Infos über Wärmepumpen, Hersteller, Betriebe

Institut für Wohnen und Umwelt GmbH
Annastraße 15, 64285 Darmstadt
Telefon(0 61 51) 29 04-0
Fax (0 61 51) 29 04-97
www.iwu.de: Infos zur effizienten Energienutzung u.a.

Kreditanstalt für Wiederaufbau (KfW)
Palmengartenstraße 5-9,
60325 Frankfurt
Telefon (0 18 01) 33 55 77
Telefax (0 69) 74 31 64 355
E-Mail: iz@kfw.de
www.kfw.de: Kreditprogramme u.a. auch zur Finanzierung von Solaranlagen oder Passivhäusern
www.co2online.de: Berechnungsprogramm zum Energieverbrauch, Hinweis auf Energieberater und Fachbetriebe vor Ort

Öko-Institut e.V., Büro Darmstadt
Elisabethenstr. 55-57,
64283 Darmstadt
Telefon(0 61 51) 81 91-0
Telefax (0 61 51) 81 91-33
www.oeko.de/service/gemis: Infos zu Schadstoffemissionen von Energieanlagen

Solarcontact GmbH
An der Marktkirche 1,
30163 Hannover
Telefon (05 11) 8 07 62 62
www.solarcontact.de: Fördermittel, Fachbetriebe, Produkte

Wärmepumpen- Testzentrum Töss (WPZ)
Auwiesenstraße 47,
CH-8406 Winterthur
Telefon ++41 (52) 2 02 34 53
Telefax ++41 (52) 2 03 51 16
www.wpz.ch: Unabhängige Tests von Wärmepumpen

Wuppertal-Institut für Klima, Umwelt und Energie GmbH
Döppersberg 19, 42103 Wuppertal
Telefon (02 02) 24 92-0,
Telefax (02 02) 24 92-108
www.wupperinst.org: Wissenschaftszentrum Nordrhein-Westfalen

Weitere interessante Webadressen

www.energie-server.de: Seminare, Tagungen, Workshops, Stellenangebote, Trendthemen zu erneuerbaren Energiequellen und Energieeinsparung

www.enev-online.de: Neue Energiesparverordnung, Gestzestext, Presseinformationen, Kommentare

www.solar-na-klar.de: Solarkampagne unter Schirmherrschaft des Bundeskanzlers, mit Hinweisen auf Fördermittel und Handwerksbetriebe mit Solarttechnik

www.solarserver.de: Buchtipps, Solarveranstaltungen, Software, Onlineberechnung

Eigene Adressen

Energieversorger:

Strasse:

PLZ, Ort

Tel.:

Fax:

Öffnungszeiten:

Ansprechpartner:

Gas-/Öllieferant:

Strasse:

PLZ, Ort

Tel.:

Fax:

Öffnungszeiten:

Ansprechpartner:

Schornsteinfeger:

Strasse:

PLZ, Ort

Tel.:

Fax:

Öffnungszeiten:

Ansprechpartner:

Eigene Adressen

Heizungsfirma:

Strasse:

PLZ, Ort

Tel.:

Fax:

Öffnungszeiten:

Ansprechpartner:

Firma:

Strasse:

PLZ, Ort

Tel.:

Fax:

Öffnungszeiten:

Ansprechpartner:

Firma:

Strasse:

PLZ, Ort

Tel.:

Fax:

Öffnungszeiten:

Ansprechpartner:

Planungsnotizen

Planungsnotizen

11. Register

Fotonachweis

Seite	Copyright
Titel	Jan Habermann (oben)
	Thomas Langreder (unten)
5	Johanna Pagels
7	Johanna Pagels
10	Karl Forster
19	Carsten Knobloch
28	Hubert Westkämper
30	Carsten Knobloch
34	Thomas Langreder
39	Thomas Langreder
45	Initiativkreis WärmePumpen
50	Carsten Knobloch
53	Thomas Langreder
54	Carsten Knobloch
57	Jan Habermann
59	Thomas Langreder
63	Gudrun Achtermann
71	Carsten Knobloch
79	Carsten Knobloch
82	Sabine Schröder
94	Waltraud Baeuerle

Ratgeber

Ratgeber der Verbraucherzentralen – wir bieten derzeit rund 70 Titel – bekommen Sie zum Abholpreis in den Beratungsstellen oder auch gegen Rechnung per Post (→ Adressen). Bei Bestellwerten bis 20 DM berechnen wir pauschal 4 DM für Porto und Versand, darüber 8 DM. Ab 1.1.2002 gelten folgende Pauschalen: Bei Bestellwerten bis 10 € nehmen wir dann 2 €, darüber 4 €.

Feuchtigkeit und Schimmelbildung in Wohnräumen

Schimmelpilze ärgern Mieter und Vermieter, sind schlecht fürs Raumklima und können die Gesundheit belasten. Was Sie tun können, damit sie erst gar nicht entstehen und mit welchen Mitteln Sie ihnen im Falle des Falles den Garaus machen können, erfahren Sie hier.

64 Seiten, 10,00 DM / 5,11 €

Wärmedämmung

Energieverluste sind schlecht für die Geldbörse und für die Umwelt. Sie erfahren, wie man Häuser dämmt, damit im Winter wenig Wärme hinausgeht und im Sommer nicht viel hereinkommt. Wärmedämmstoffe werden vorgestellt und bewertet. Wir erläutern, was sie kosten und für welche Haushalte sie geeignet sind.

150 Seiten, 14,00 DM / 7,16 €

Wintergärten: Konstruktion – Wärmeschutz – Kosten

Wintergärten stehen bei vielen Haus- und Wohnungsbesitzern hoch im Kurs. Dieser Ratgeber hilft bei vielen Fragen wie z. B. zur Energieeinsparung, zum Klima im Glashaus, zu Bausystemen, zum richtigen Material, zum Marktangebot und zur Vertragsgestaltung. Nützliche Adressen und Erläuterungen zu vielen Fachbegriffen runden den Ratgeber ab.

100 Seiten, 10,00 DM / 5,11 €

Regenwasser für Haus und Garten

Die Nutzung von Regenwasser im Haus wird seit einiger Zeit kontrovers diskutiert. Dieser Ratgeber soll helfen, eine Anlage zur Nutzung von Regenwasser richtig zu planen und zu bauen. Außerdem werden einfache und kostengünstige Maßnahmen zur Trinkwassereinsparung beschrieben.

109 Seiten, 10,00 / 5,11 €

Die Eigentumswohnung

Mit dem Kauf einer Eigentumswohnung verbinden sich viele Wünsche. Der Ratgeber zeigt Ihnen, worauf Sie vor und bei dem Kauf achten sollten, welche Regeln für das Zusammenleben im Haus gelten, wie die Verwaltung einer Wohnanlage funktioniert und was für Sie wichtig ist, wenn sie Ihre Wohnung vermieten möchten.

192 Seiten, 18,00 DM / 9,20 €

Häuser aus zweiter Hand

Das Buch richtet sich an Interessenten, die ein gebrauchtes Haus kaufen möchten, um darin selbst zu wohnen. Neben Tipps zur Bestimmung der eigenen Wohnwünsche und zur Suche finden Sie Hinweise, wie man Bauschäden erkennt und die Preiswürdigkeit des Hauses bestimmen kann. Ratschläge zum Abschluss von Verträgen machen das Nachschlagewerk komplett.

158 Seiten, 14,00 DM / 7,16 €

Baufinanzierung

Ein unentbehrliches Handbuch für alle, die bauen oder ein Haus bzw. eine Wohnung kaufen wollen. Das Buch liefert Informationen zur finanziellen Absicherung, zum Beispiel eine Anleitung zur persönlichen Finanzierungsplanung sowie das Grundwissen zu den Finanzierungsformen „Hypothekendarlehen", „Lebenversicherungshypothek" und „Bausparen". Mit Checklisten für Finanzierungsbedarf und Belastung.

192 Seiten, 18,00 DM / 9,20 €

Fertighäuser in Holzbauweise

Bevor Sie ein Vermögen hinblättern, um Ihr Traumhaus zu kaufen, sollten Sie unbedingt etwas Zeit für diesen Ratgeber investieren. Wir erläutern die Vielfalt der Ausbaustufen, beschreiben die verschiedenen Holzbauweisen, informieren über Keller, Wand, Dach, Fenster, Heizung, Warmwasserbereitung, Wärme- und Schallschutz usw. Außerdem gibt es Informationen zu Kostenkomponenten und Verträgen.

318 Seiten, 25,00 DM / 12,78 €

Hausangebote richtig vergleichen

Wer baut, muss viele Entscheidungen treffen. Unser Ratgeber hilft Ihnen zu erkennen, welche Leistungen in einem Angebot enthalten sind, Angebote zu vergleichen sowie Standards und Qualitäten zu überprüfen. Der zweite Band enthält eine Muster-Baubeschreibung, die Sie als Checkliste, als Vergleichsbasis und als Vertragsbestandteil nutzen können.

2 Bände, zusammen 204 Seiten, 15,00 DM / 7,67 €

Handwerker und Kundendienste

Pfusch bei der Arbeit und anschließend eine überzogene Rechnung – wenn es Ärger mit Handwerkern gibt, hilft dieser Ratgeber. Er bietet Lösungen zu den häufigsten Streitpunkten: vom Kostenvoranschlag und der Auftragsvergabe bis zu den einzelnen Rechnungsposten, von der Reklamation unsachgemäß ausgeführter Arbeiten bis zu den Tücken des Kleingedruckten. Mit Musterbriefen.

108 Seiten, 10,00 DM / 5,11 €